普通高等教育农业部"十二五"规划教材
全国高等农林院校"十二五"规划教材

兽医免疫学实验指导

第二版

崔治中　朱瑞良　主编

中国农业出版社

第二版编审人员

主　　编　崔治中（山东农业大学）
　　　　　　朱瑞良（山东农业大学）
参　　编　（按姓名笔画排序）
　　　　　　王　印（四川农业大学）
　　　　　　王桂军（安徽农业大学）
　　　　　　韦　平（广西大学）
　　　　　　田文霞（山西农业大学）
　　　　　　石德时（华中农业大学）
　　　　　　李一经（东北农业大学）
　　　　　　岳　华（西南民族大学）
　　　　　　金文杰（扬州大学）
　　　　　　姜世金（山东农业大学）
　　　　　　秦爱建（扬州大学）
　　　　　　徐建生（扬州大学）
　　　　　　常维山（山东农业大学）
　　　　　　蒋大伟（河南农业大学）
全书审稿　常维山　姜世金　彭　军

第一版编写人员

主　编　崔治中（山东农业大学）
副主编　朱瑞良（山东农业大学）
参　编　（按姓名笔画排序）
　　　　　　王桂芝（华中农业大学）
　　　　　　韦　平（广西大学）
　　　　　　牛钟相（山东农业大学）
　　　　　　许兰菊（河南农业大学）
　　　　　　李一经（东北农业大学）
　　　　　　秦爱建（扬　州　大　学）
　　　　　　徐建生（扬　州　大　学）
　　　　　　常维山（山东农业大学）
　　　　　　谌南辉（江西农业大学）
　　　　　　蒋文灿（四川农业大学）
　　　　　　熊　焰（四川农业大学）
　　　　　　潘　玲（安徽农业大学）

第二版前言

对于兽医专业的毕业生来说，兽医免疫学这门课程中的免疫学技术是养殖生产疫病监测中应用最为广泛的内容。但是，由于作为本科教材的《兽医免疫学》限于篇幅，不仅对不同免疫学技术的原理不能做详细解释，更不能详细介绍具体的操作方法和过程，因此缺乏实用性。为此，我们在2006年单独编辑和出版了《兽医免疫学实验指导》作为《兽医免疫学》的配套教材。8年多来的教学实践表明，该配套教材对兽医免疫学的实验课确实发挥了有效的指导作用，而且也可以作为学生毕业走上工作岗位后从事专业技术工作的参考依据。

这本配套教材已出版使用8年多，免疫学技术已有了不少发展和改进。此外，在使用过程中，一些老师也提出了一些改进意见。鉴于此，在现在的第二版中，我们在原教材的基础上做了相应的修改和补充。为了提高实用性、系统性，我们将第一版的19个实验调整为17个实验。其中，将第一版涉及标记抗体及其应用的实验七、八、九合并为实验六，强调标记抗体的应用技术，删除了一些在动物疫病诊断和防控检测过程中不常用的标记抗体技术；还删除了不常用的实验十八红细胞免疫功能检测技术。此外，新版的参编人员有了较大变动，考虑到参编人员应该尽量是在教学第一线的教师，参加第一版编者中有一半或因为退休或因为不再从事兽医免疫学一线教学工作而退出了第二版的编写，由他（她）们推荐了本单位在教学第一线的教授参加第二版的修订。这样，就会使教材的内容更加适合当前的教学需要。

本书初稿完成后，不同章节的编者分别交换编写内容互相审稿，最后由山东农业大学朱瑞良教授对全稿审阅修改，对还有疑问处由崔治中教授最后审定，但仍难免存在不足，恳请读者在使用过程中提出意见，以便在再版时纠正。

编 者

2014年12月

第一版前言

免疫学技术的原理和方法是兽医免疫学的重要组成部分。对于兽医专业的本科学生来说，不论是毕业后直接进入兽医专业相关的工作岗位，还是在生物类学科继续攻读研究生，免疫学技术都是最常用也是最有用的工具之一。

在20世纪80年代初，兽医免疫学刚刚从兽医微生物学独立出来时，南京农业大学杜念兴教授主编了我国兽医本科专业第一本《兽医免疫学》教材。在这本教材中，有将近一半的篇幅介绍的是免疫学技术。又有20多年过去了，随着免疫学基础研究的不断深入发展，有关免疫学基本理论的内容积累得越来越多。但是，作为本科专业的教材，其篇幅仍只能限制在一定的范围内。因此，在三年前我们编写《兽医免疫学》（中国农业出版社2004年第一版）时，为了能充分反映当代免疫学和兽医免疫学的最新理论，不得不大大缩小免疫学技术的篇幅，将其内容仅限于各种免疫学技术的原理和应用范围，不再具体罗列操作方法。所以尽快编写一本《兽医免疫学实验指导》作为补充教材是非常必要的。

同《兽医免疫学》一样，这本实验指导也是由9所院校的10多位多年在教学和科研第一线工作的教师编写的。本实验指导几乎包括了对动物疫病的免疫学诊断和免疫试验的各种常用的方法，也包括了在病毒学、细菌学和寄生虫学研究中可能涉及的不同免疫学技术和方法。对每种技术和方法，不仅详细介绍了工作原理，而且还详细地列出了具体的操作步骤及相关溶液的配制。因此，本实验指导不仅可作为本科生兽医免疫学实验课的参考书，也可作为兽医微生物学和免疫学领域的研究生及各级动物疫病诊断实验室工作人员的参考书。

本实验指导的内容覆盖了各种免疫学技术，但作为兽医专业本科生的兽医免疫学实验课，各校可根据学时安排，有选择的选取几个实验供学生实习。

本书初稿完成后，虽已分别由山东农业大学牛钟相、朱瑞良和刁有祥教授对每一章节审阅修改，最后由主编修改审定，但仍难免存在不足，恳请读者在使用过程中提出意见，以便在再版时纠正。

编　者

2006年5月

目 录

第二版前言
第一版前言

实验一　实验动物的基本操作技术 … 1
一、实验动物保定技术 … 1
二、实验动物采血技术 … 3
三、实验动物疫苗接种技术 … 7

实验二　沉淀试验 … 9
一、环状沉淀试验 … 9
二、絮状沉淀试验 … 10
三、琼脂扩散沉淀试验 … 11
四、免疫电泳 … 14
五、对流免疫电泳 … 16
六、火箭免疫电泳 … 17

实验三　凝集试验 … 20
一、平板凝集试验 … 20
二、试管凝集试验 … 21
三、间接血凝试验 … 23
四、SPA 协同凝集试验 … 28
五、病毒的血凝试验与血凝抑制试验 … 29

实验四　补体参与的反应 … 33
一、补体溶血反应 … 33
二、总补体活性测定 … 34
三、补体结合试验 … 36

实验五　中和试验 … 42
一、病毒中和试验 … 42
二、细菌毒素中和试验 … 45

实验六　免疫标记抗体检测技术 … 47
一、免疫荧光标记抗体检测技术 … 47

二、免疫酶标记抗体检测技术 ………………………………………………………… 49
　　三、生物素标记抗体检测技术 ………………………………………………………… 53

实验七　免疫电镜技术 ……………………………………………………………………… 55
　　一、免疫凝结电镜技术 ………………………………………………………………… 55
　　二、冰冻超薄切片免疫电镜技术 ……………………………………………………… 55

实验八　免疫沉淀技术 ……………………………………………………………………… 57

实验九　免疫转印技术 ……………………………………………………………………… 62

实验十　免疫胶体金技术 …………………………………………………………………… 64
　　一、免疫胶体金的制备 ………………………………………………………………… 64
　　二、胶体金标记技术在免疫学中的应用 ……………………………………………… 66

实验十一　免疫核酸探针技术 ……………………………………………………………… 67
　　一、生物素免疫核酸探针 ……………………………………………………………… 67
　　二、地高辛标记寡核苷酸探针 ………………………………………………………… 68

实验十二　B 淋巴细胞及其功能的检测 …………………………………………………… 70
　　一、B 淋巴细胞 SmIg 检测法（荧光标记-SPA 菌体法）…………………………… 70
　　二、EAC 花环试验 ……………………………………………………………………… 71

实验十三　T 淋巴细胞及其功能的检测 …………………………………………………… 74
　　一、E-玫瑰花环试验 …………………………………………………………………… 74
　　二、T 淋巴细胞酸性 α-醋酸萘酯酶染色法 …………………………………………… 75
　　三、流式细胞术测定 T 细胞亚群 ……………………………………………………… 77
　　四、淋巴细胞转化试验 ………………………………………………………………… 79
　　五、移动抑制试验 ……………………………………………………………………… 83

实验十四　免疫血清及卵黄抗体制备技术 ………………………………………………… 85
　　一、免疫血清制备技术 ………………………………………………………………… 85
　　二、卵黄抗体制备技术 ………………………………………………………………… 86

实验十五　单克隆抗体制备技术 …………………………………………………………… 88

实验十六　免疫球蛋白提纯技术 …………………………………………………………… 92
　　一、盐析法提取血清免疫球蛋白 ……………………………………………………… 92
　　二、DEAE-SepHadex A-50 柱层析纯化免疫球蛋白 ………………………………… 93
　　三、SPA-SepHarose CL-4B 亲和层析纯化 IgG 及 IgG 亚类 ………………………… 94

实验十七　免疫生化制品的制备与鉴定 ·· 98
　一、胸腺肽的制备及鉴定 ··· 98
　二、转移因子的制备及鉴定 ··· 99
　三、干扰素的制备及鉴定 ··· 101
　四、白细胞介素的制备及鉴定 ··· 103
附录　免疫学实验常用试剂溶液的配制 ·· 105

　主要参考书目 ·· 115

实验一　实验动物的基本操作技术

一、实验动物保定技术

做动物实验时，为了不损害动物的健康，并防止操作者被动物咬伤或抓伤，适当保定是必要条件之一。为使动物处于合理的限制状态，实验人员必须对各种实验动物的一般习性有所了解，掌握合理的抓取保定方法。操作时要小心仔细、大胆敏捷、熟练准确，不能粗暴和恐吓动物，以便顺利、安全地进行实验操作。同时，还要爱惜动物，尽量减少动物的痛苦。

1. 小鼠保定法　右手拇指和食指捏住鼠尾中部，将小鼠提起放置于金属网笼或隔板上，并向后牵拉鼠尾，小鼠会极力向前挣扎爬行。当小鼠挣扎减弱变得相对平静时迅速以左手的拇指和食指捏住其双耳及颈部皮肤，右手仍拉紧鼠尾。再将小鼠置于左手掌心，用左手无名指和小指夹住其背部皮肤和尾部，即可完全固定鼠体。

注意：小鼠颈部皮肤固定要适度，过紧会造成窒息，太松则容易咬伤操作者。抓小鼠尾巴应抓住尾巴中部或根部，不能仅捏住小鼠尾巴的尾端，因为这时小鼠的重量全部集中到尾端，如果小鼠强烈挣扎，有可能弄破尾端。

如做尾静脉注射，可用静脉注射架保定（图1-1），或以大小适当的小烧杯扣住鼠体，让其尾部露出注射架（或烧杯）外，再行操作。

如需做较长时间操作，可用小鼠乙醚麻醉（勿致死），然后将其四肢用细绳固定在解剖板上，再行处理。

如进行解剖实验，则必须无痛处死后再操作。

2. 大鼠保定法　大鼠门齿长，抓取或保定时，方法不当易受惊吓或激怒而咬伤操作者，所以操作者应戴棉纱手套，必须稳、准、快。右手应轻轻抓住其尾中部向后提起，迅速放在笼盖或其他粗糙面上，左手顺势按、卡在大鼠躯干背部，稍加压力向头颈部滑行，以左手拇指和食指捏住大鼠两耳后部的头颈部皮肤，其余三指和手掌握住大鼠背部皮肤，将其固定在左手掌中，右手拉紧大鼠尾部，即可进行腹腔注射或灌胃等操作。用玻璃钟罩扣住或置于大鼠固定盒内，可进行尾静脉采血或注射。背部皮内注射时，先由助手用坩埚钳将其颈部卡住，另一手抓稳其尾中部，使之伏卧在操作台上。当需较长时间做手术时，可将其固定在大鼠固定板上。

3. 豚鼠保定法　豚鼠性情温顺，胆小易惊，但一般不伤人，抓取时讲究稳、准、柔、快，右手掌扣住颈背部，抓住肩胛上方，拇指夹住左前肢，食指和中指夹住右前肢，然后左手托起臀部，拇指和食指固定住后肢，让其腹部朝上即可固定，然后进行实验操作。注意不可过分用力抓捏豚鼠的腰腹部，否则容易造成肝破裂、脾淤血而引起死亡。

4. 家兔保定法 家兔性情驯服，一般不会咬人，但脚爪尖锐，在抓取或保定时，应避免其挣扎而被其脚爪尤其是后脚爪抓伤。可从头前阻拦其跑动，然后一只手抓住颈部皮毛，将其提起，另一只手托住臀部，即完成家兔抓取。家兔的固定方法可分为器具保定法和徒手保定法。

（1）器具保定法：

①金属盒保定法（图1-2）：常用于耳静脉采血或注射，以及兔脑内接种等操作。

②保定台仰卧式保定法（图1-3）：常用于颈动脉采血或其他生物学测量实验，或做手术时保定。

③木架式保定法（图1-4）：常用于热源质实验时的保定，便于耳静脉注射或采血，或测量体温。

图1-1 小鼠尾静脉注射架保定

图1-2 兔金属盒保定

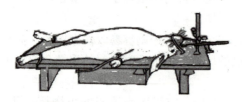

图1-3 兔保定台仰卧式保定

图1-4 兔木架式保定

（2）徒手保定法：

①台面仰卧式保定法：保定者将兔的两前肢反向头背侧，接着一只手握紧两前肢及两耳根，另一只手压稳两后肢，使后躯紧贴台面，两手将家兔体拉直使胸腹部挺起，仰卧安置于台面上，实验者即可进行操作。

②助手坐椅式保定法：助手坐于椅上，双手抓住两耳与前肢，后躯及后肢夹在大腿之间，牢牢将其固定。

5. 猫的保定法 参照家兔的保定方法，猫头可用头夹固定；也可用一根粗棉绳，一端拉住其两只门齿，另一端拴于操作台铁柱上。

6. 犬的保定法

（1）徒手保定法：幼犬及性情温驯的成年犬或经过特殊训练的犬（如警犬、宠物犬）可以采用徒手保定。

①头部保定法：保定人员一手抓住犬的下颌部，另一手于犬的耳下方固定头部，防止犬左右摇动和回头伤人。保定者也可站于犬侧，面朝犬头，两手从头后伸向犬只面部，两手拇指压于鼻背侧，其余四指抵住下颌，握紧犬嘴。

②握耳保定法：用双手分别握住犬的两耳，若是大犬可骑在犬背上，并用两腿夹住其胸

部；若为小型犬，可将其按在桌面上或让另一人固定后躯。

（2）颈钳保定法：根据犬只大小选择一个合适的颈钳。保定时，保定人员持颈钳，张开钳嘴套住犬的颈部，合拢钳嘴后即可将犬保定。凶猛犬用此法保定可靠，也较方便。

（3）手术台保定法：先将犬侧卧于手术台上，使犬呈俯卧或仰卧式，在四肢球节下方拴绳拉紧拴在手术台上，使四肢伸展，即可将其安全保定。

（4）犬嘴保定法：犬齿锋利，犬嘴会对人构成危险，在保定过程中只要对嘴加以固定，使犬无法咬人，即可解除危险。

①扎口法：用一条细软的绳子，也可用 1 m 左右的绷带代替。在绳子中间打一活结圈套，将圈套从犬鼻端套至鼻背部中间，然后拉紧圈套，并且继续缠绕 1～2 圈，随后在下颌下方打单结，最后将绳子两端于耳后固定。此法适用于长嘴犬。对短嘴犬，可在细绳 1/3 处打活结圈套，套在嘴后颜面，于下颌间隙处收紧，两游离端向后拉至耳后枕部打结，并将其中一长的游离端经额部引至鼻背侧穿过绳圈，并反转至耳后与另一游离端收紧打结。

②口笼保定法：口笼由皮革、塑料、布料等多种材质制造，有大、中、小等多种规格，选择合适的口笼给犬戴上并系牢即可。

7. 鸡、鸭、鹅、鸽的保定法　保定者一手握住其两翼根部，另一只手握住两爪部，即可将其固定好。

8. 猴的保定法　在笼内捉取猴时，先轻轻开启笼门，右手持短柄网罩伸入笼内，由上至下罩住猴，并立即将网罩翻转，将其取出笼外，左手由罩外抓住其颈部，轻轻掀开网罩，小心地将其双臂反背于猴身后交叉握住，由网中取出。若在室内捉取时，则需使用长柄网罩，并需两人配合罩取。捕捉时动作要迅速准确，不要损伤头部及其他要害部位。猴入网后，将网按在地上，紧紧压住猴头或抓住颈后部（以防回头咬人），再将猴双臂反背于猴的身后，将猴取出。在捕捉凶猛的雄猴时应戴上防护皮手套，并有 2～3 人紧密配合。

二、实验动物采血技术

实验研究中，常需采集实验动物的血液进行检测分析，故必须正确掌握采血技术。采血方法的选择，主要决定于动物种类、实验目的和所需血量。不同实验动物采血量与采血部位的关系参考表 1-1。

表 1-1　不同实验动物采血量及采血部位

（修改自施新猷主编《医学动物实验方法》P134～135，1983 年）

采血量	采血部位	实验动物种类
采集少量血	尾静脉	大鼠、小鼠
	耳静脉	兔、犬、猫
	眼底静脉丛	兔、大鼠、小鼠
	舌下静脉	兔、犬
	冠、脚蹼皮下静脉	鸡、鸭、鹅、鸽

(续)

采血量	采血部位	实验动物种类
采集中量血	后肢外侧小静脉	犬、猴、猫
	前肢内侧头静脉	犬、猴、猫
	耳中央动脉	兔
	颈静脉	犬、猫、兔
	心脏	豚鼠、大鼠、小鼠
	断头	大鼠、小鼠
	翼下静脉	鸡、鸭、鹅、鸽
采集大量血	颈动脉	马、牛、羊
	股动脉、颈动脉	犬、猴、猫、兔
	颈静脉	马、牛、羊
	前腔静脉	猪
	心脏	犬、猴、猫、兔、鸡、鸭、鹅、鸽
	摘眼球	大鼠、小鼠

1. 大鼠、小鼠采血法

(1) 断尾采血：当所需血量很少时采用本法。固定动物并露出鼠尾，将尾部浸在45℃左右的温水中数分钟，使尾部血管充盈。再将尾擦干，消毒后用锐器（刀或剪刀）割去尾尖3～5mm，用手轻轻从尾根部向尾尖部推挤，即可用毛细吸管或血液稀释吸管从尾断面收集血液。采血结束后，消毒并压迫止血。小鼠可每次采血0.1～0.3mL，大鼠0.4～0.5mL。亦可用刀片切破尾静脉，收集血液。两侧尾静脉可轮换切割取血。

(2) 摘眼球采血：此法常用于鼠类大量采血。左手抓住鼠体，拇指和食指将鼠头部皮肤捏紧，致使其眼球突出，右手用无钩弯头小镊子将右眼球摘去，立即将鼠倒置，头朝下，眼眶动脉、静脉血液很快流出，将流出的血液用容器收集。此法血液获得量为体重的4%～5%。

(3) 后眼眶静脉丛采血：采血前需准备特制毛细吸管，即长7～15cm硬的玻璃吸管，其前端长约1cm，内径为1～1.5mm，后端逐渐扩大。左手从背部抓住鼠，以左手拇指和食指、中指握住其颈部，轻轻压迫颈部两侧，使头部静脉淤血，眼球充分外突，后眼眶静脉丛充血。右手持消毒的特制毛细吸管，与鼠面呈45°的夹角，将其尖端插入内眼角与眼球之间，轻轻转动向眼底方向刺入，当感到有阻力时即停止刺入，旋转吸管以切开静脉丛，血液即流入吸管中。采血结束后，拔出吸管，放松左手，出血即停止。用本法在短期内可重复采血。小鼠一次可采血0.2～0.3mL，大鼠可采0.5～1.0mL。

(4) 断头采血：操作者用左手拇指和食指从背部捏紧鼠颈部皮肤，并将鼠头部下倾，用剪子迅速剪掉小鼠颈部1/2，立即将其颈朝下提起，使血液自动流入容器中。小鼠可获得0.8～1.2mL的血液，大鼠可获得5～10mL血液。但应注意避免胃内容物返流造成的污染。

(5) 心脏采血：鼠类心脏较小，且心率较快，采血比较困难，一般很少用。采血时将其仰卧保定，剪去左侧心区被毛，消毒皮肤。左手在左侧第3～4肋间触摸心搏动，右手持注射器，选择心搏动最强点刺入针头。当针头刺入心脏，血液自然进入注射器，方可抽吸血液。如部分采血，最好不超过 0.2 mL。小鼠采血后应腹腔注入 1.0 mL 林格液或生理盐水，以防采血后死亡。小鼠全采血可达 0.5～1.0 mL。100g 大鼠部分采血，一次 1～3 mL，全采血 5～7 mL。

（6）颈（股）静脉或颈（股）动脉采血：将鼠一侧颈部外侧被毛剪去，切开颈部皮肤，分离皮下结缔组织，使颈静脉充分暴露，用注射器即可抽出所需血量。在气管两侧分离出颈动脉，结扎远心端，向近心端切口，使血液流入容器。大鼠多采用股静脉或股动脉采血。方法是：大鼠被麻醉后，剪开腹股沟处皮肤，暴露股静脉，将其剪断或用注射器采血即可。股动脉较深，需剥离后再结扎采血。

2. 豚鼠采血法

（1）耳缘切口采血：将豚鼠耳缘消毒，以刀片沿血管方向割破耳缘，切口长约 0.5cm，血可自切口处流出，此法每次可采 0.5 mL。可在切口边缘涂上 20% 的柠檬酸钠溶液，以防血凝。

（2）脚背中足静脉采血：助手固定豚鼠，将其右或左后肢膝关节伸直置于操作者面前，脚背用酒精消毒。找出足静脉，左手拇指和食指拉住豚鼠的趾端，右手将注射针刺入静脉抽出所需血量。拔针后应立即用纱布或脱脂棉压迫采血处以免形成皮下血肿。反复采血两后肢交替使用。

（3）股动脉采血：将豚鼠仰位固定在手术台上，剪去腹股沟区被毛，麻醉后，局部用碘酒消毒。切开长 2～3cm 的皮肤，使股动脉暴露及分离。然后，用镊子提起股动脉，远端结扎，近端用止血钳夹住，在动脉中央剪一小孔，用无菌玻璃小导管或聚乙烯、聚四氟乙烯管插入，放开止血钳，血液即从导管口流出。一次可采血 10～20mL。

（4）心脏采血：豚鼠体型较小，一般不需器械保定，由助手分别握住前后肢仰卧保定即可。操作要领与大鼠的相同，但应特别注意的是其心脏靠近胸腔中央，故应从胸骨左缘稍向右上斜刺入即可。针头插到心脏内，心跳能传动注射器，血液进入注射器内，此时缓缓抽吸血液。部分采血可得 3～5mL；体重 300g 以上的豚鼠全采血为 15～20mL。注意针头应细长些，以免发生采血后穿刺孔出血。

3. 家兔采血法

（1）耳缘静脉采血：由助手固定或直接将兔放于固定桶中仅露出头部，剪去耳缘静脉（图 1-5）局部被毛，酒精消毒，手指轻弹耳廓，使静脉扩张隆起。左手拇指与食指按压住血管近心端，小指与无名指轻轻夹稳末梢端，中指自下面托垫；右手持注射器用针头刺入耳缘静脉末端抽取所需血量，或用刀片沿血管方向割破一小切口，使血液流入容器。本法为兔最常用的采血方法，一次可采血 5～10mL，可多次重复采血。注意，初次采血进针处应尽量靠近耳缘静脉末端，以后每次采血，进针处依次逐渐移向近心端，两耳交替使用效果更好。

（2）耳中央动脉采血：兔耳中央有一条较粗的、颜色较鲜红的中央动脉（图 1-5）。采血时，先将兔放入固定桶内，用左手固定兔耳，右手持注射器，在中央动脉的末端，沿着与动脉平行的向心方向刺入动脉，即可见血液进入针管，采血完毕注意止血。本法一次采血可达 15mL。注意，采血时动作要迅速，所用针头不要太细，

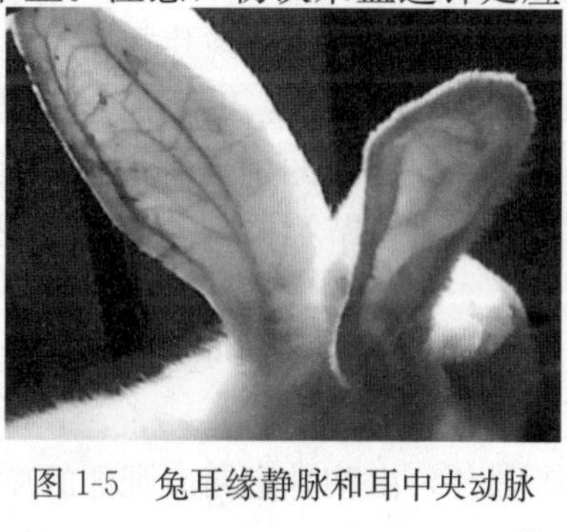

图 1-5 兔耳缘静脉和耳中央动脉

一般用6号针头；针刺部位从中央动脉末端开始，不要在近耳根部采血。

（3）颈静脉采血：方法同小鼠、大鼠的颈静脉采血。

（4）心脏采血：使家兔仰卧，用左手拇指触摸到胸骨剑状突起，食指及中指放在右胸处轻轻向左推，使心脏固定于左胸侧位置。以左手拇指触摸心跳搏动最强部位，用酒精消毒后，右手持50 mL注射器（连接16号针头），倾斜45°，对准心搏动最强处刺入心脏（穿刺部位在第三肋间胸骨左缘3mm处），持针手可感觉到心脏有节律的跳动，血液迅速进入注射器。此时如还抽不到血，可以前后进退调节针头的位置，注意切不可使针头在胸腔内左右摆动，以防弄伤兔的心、肺。此法一次可采血20～25mL。

（5）颈动脉采血：按仰卧式保定台法进行保定。头部略放低以显露颈部，以0.1％新洁尔灭溶液湿润胸部至颈部被毛，剃毛并消毒皮肤。沿颈部中线切开皮肤约10cm，钝性分离皮下组织，直至暴露出气管两侧的胸锁乳突肌。钝性分离胸锁乳突肌与气管间的颈三角区疏松组织，暴露出颈总动脉，从白色迷走神经及周围组织游离出颈动脉3～4cm，以止血钳或血管夹挟住游离段两端，阻断动脉血流。左手食指垫起阻断段，右手以眼科剪在血管上剪一斜形缺口，斜口朝向心端。再将无菌塑料软细管插入斜口，并用手术缝线固定，以防塑料软细管滑脱。放开心端止血钳或血管夹，血液沿塑料软细管流入容器（应丢弃前头少许血液）。立即将后躯体尽量提高，用手掌自腹部向胸部施加压力，以提高胸腔内压。血液收量一般80～100mL，最高可达120mL左右。

（6）后肢胫部皮下静脉采血：将兔仰卧固定于兔固定板上，或由助手将兔仰卧固定好。剪去胫部被毛，在胫部上端股部扎以橡皮管，于胫部外侧皮下可清楚见到皮下怒张的静脉。用左手两指固定好静脉，右手取带有5号半针头的注射器沿皮下静脉平行方向刺入血管，抽一下针栓，如血进入注射器，表示针头已刺入血管，即可取血。一次可取2～5mL。取完后必须用棉球压迫取血部位止血，时间要略长些，因为此处不易止血。此法可连续多次取血。

4. 鸡、鸭、鹅、鸽采血法

（1）鸡冠采血：剪破鸡冠，血液自然流出数滴，可供做血涂片、全血平板凝集试验等。

（2）翼根静脉采血：助手将其翅膀展开露出腋窝部，拔去羽毛，可见翼根静脉（由翼根进入腋窝的一根较粗的静脉），用碘酒和酒精消毒，用左手拇指与食指压迫此静脉，使血管怒张，右手持注射器，使针头由翼根向翼尖方向沿静脉平行刺入血管内，抽取血液。取血完毕，用干棉球压迫止血。因鸟类不易止血，故尽量一次穿刺成功。本法一次采血可达5～10mL。

（3）胫静脉采血：将其侧卧固定，消毒小腿内侧，针头对准胫静脉（胫骨与腓骨之间）向心脏方向穿刺，如有回血，表示进针正确，再抽取所需血量。取血完毕用干棉球压迫止血。穿刺点应选在脚鳞片之间的空隙，以免鳞片堵住针头。

（4）心脏采血：助手保定使其右侧卧，于左侧确定龙骨突起前缘与翼根连线的中点，由该中点与髋关节连线，将此连接线三等分，自髋关节第二等分点为心脏采血进针处（图1-6）。拔除局部羽毛，用碘酒、酒精消毒，垂直进针采血。刺入心脏可感觉心脏跳动，回抽针栓可见回血，否则回抽针头调整角度再行进针，直至采出血液。

另外，由胸骨走向肩胛部的皮下大静脉与第2、3肋骨所围成

图1-6 鸡心脏采血部位

的三角形处有一柔软部分,由此用食指触压可感触到心搏,该部位也可作为采血进针部位。消毒该部位,缓缓进针,至一定深度即可感到心脏搏动,抽取所需血量。

将鸡仰卧保定,拔出胸骨前缘羽毛,碘酒、酒精消毒后,左手按住胸骨前缘正中作为进针处,右手持针(使用12～16号针头)使之与地面呈45°夹角向鸡尾部方向刺入,回抽针拴可抽出血液。该部位采血更易成功。

除鸡冠采血外,其他几种采血方法也适用于鸭、鹅、鸽的采血。

5. 犬、猫的采血方法

(1) 后肢外侧小隐静脉采血:后肢外侧小隐静脉位于后肢胫部下1/3的外侧浅表皮下。采血时,将动物固定在固定架上或由助手使其侧卧固定,局部剪毛、消毒。采血者左手紧握剪毛区上部或扎紧止血带,使下部静脉充血,右手用连有6号或7号针头的注射器刺入静脉,左手放松,以适当速度抽血即可,一次可采10～20mL。若仅需少量血液,可只用针头刺入静脉,待血从针孔流出即可。

(2) 前肢背侧皮下头静脉采血:前肢背侧皮下头静脉位于前脚爪的上方背侧的正前位,采血方法同上。

(3) 颈静脉采血:将犬侧卧保定,剪去颈部被毛约10cm×3cm范围,用碘酒、酒精消毒皮肤。用左手拇指压住颈静脉入胸部位的皮肤,使其怒张,右手取带有$6\frac{1}{2}$号针头的注射器。针头与血管平行向向心端刺入血管。由于此静脉在皮下易滑动,针刺时除用左手固定好血管外,刺入要准确。取血后注意压迫止血。采用此法一次可取较多量的血。

(4) 股动脉采血:本法为采取动脉血最常用的方法。将犬仰卧保定,将后肢向外伸直,暴露腹股沟三角动脉搏动的部位,剪毛、消毒。左手中指、食指探摸股动脉跳动部位,并固定好血管,右手取连有$5\frac{1}{2}$号针头的注射器,针头由动脉跳动处直接刺入血管,若刺入动脉可见鲜红血液流入注射器,若无血液流入注射器,则可轻微转动或上下移动针头,即可见鲜红血液流入。抽血完毕,迅速拔出针头,用干棉球压迫止血2～3min。

猫的采血法基本与犬相同,常采用前肢皮下头静脉、后肢的股静脉、耳缘静脉取血。需大量血液时可从颈静脉采取。

三、实验动物疫苗接种技术

1. 肌肉接种法 马、牛、羊、猪等家畜的肌肉接种,一律采用臀部和颈部(肌肉丰满、无大血管经过的肌肉群)两个部位,犬、猫的肌肉接种一般采用腿部,家禽可在胸肌部(龙骨嵴两侧)或大腿外侧肌肉丰满处接种。注射时,针头稍倾斜刺入,回抽无血方可注入。

肌肉接种的优点是操作简便,吸收快;缺点是有些疫苗接种后能引起严重的局部反应,导致注射部位出现无菌性炎症。若注射时消毒不严,还可导致化脓性炎症,损伤肌肉组织。如果注射部位在腿部则可引起跛行。

2. 皮下接种法 马、牛等大家畜一律采用颈侧部位,猪在耳根后方,家禽在胸部或大腿内侧,犬、猫、家兔多为背部或耳根部、颈部背侧。根据药物的浓度和畜禽的大小不同,一般用10～20号针头,家禽则应用针孔直径较小的针头。

皮下接种的优点是吸收较皮内接种快，免疫确实，效果良好，是较为普遍使用的一种免疫接种方法。

3. 皮内接种法　马的皮内接种法采用颈侧、眼睑部位，牛和羊除颈侧外，还可在尾根及肩胛中央部位，猪大多在耳根后，鸡在肉髯部，家兔则为背部脊柱两侧的皮肤。一般使用专供皮内注射的注射器。注射时，绷紧接种位置的皮肤，皮内注射针头的针孔朝上，与皮肤平行刺入皮内（表皮与真皮之间），然后注入。由于表皮与真皮间组织结构致密，当疫苗注入皮内时，可见到皮肤表面出现圆形隆起，形成皮丘。若隆起很快消失，可能是注在皮下，应改变位置重注。

目前临床上皮内接种主要用于羊痘苗、鸡痘以及结核菌素等某些诊断液的注射。实验室常用于高免血清制备时的强化免疫，尤其适合难以大量制备的抗原接种。皮内接种的优点是使用剂量少，副作用小，产生的免疫力比相同剂量的皮下接种更强；缺点是操作需要一定的技术与经验。

4. 静脉接种法　马、牛、羊的静脉接种一律在颈静脉，猪在耳静脉，鸡在翼下静脉，家兔则在耳外缘静脉。注射完毕，以干棉球按压针孔，再拔出针头，以免溢血。

治疗传染病患畜时，常采用静脉接种高免血清，疫苗及诊断液一般不作静脉接种，实验室制备高免血清时常在最后一次免疫时静脉注射抗原。静脉接种的优点是接种剂量大，见效快；缺点是操作麻烦，如果采用异种动物血清，还可能引起过敏性反应，导致血清病。

免疫接种时还应注意，注射器、针头需经严格消毒后方可使用，每头家畜换一个针头。生物制品的瓶塞上应固定一个消毒过的针头，上盖酒精棉球。针尖排气溢出的药液应用酒精棉球吸弃，并将其收集于专用容器内，用过的酒精棉球也应放入专用容器内，与用过的疫苗瓶一起集中处理。

（岳华编写，刘思当、刘建柱审稿）

实验二 沉淀试验

一、环状沉淀试验

【目的要求】掌握环状沉淀试验基本操作方法和判定标准。

【实验原理】可溶性抗原（又称沉淀原，如细菌浸出液、含菌病料浸出液、血清以及其他来源的蛋白质、多糖、类脂等）与其相应的抗体（又称沉淀素）相遇后，在电解质参与下，抗原抗体结合形成肉眼可见的沉淀物。环状沉淀反应是将抗原液叠加于抗体液之上，若二者相对应，可在抗原抗体两液接触界面出现乳白色的沉淀环。环状沉淀反应一般是利用已知抗体检测未知的抗原以达到鉴定抗原、诊断疾病的目的。

【实验材料】以炭疽环状沉淀反应（又称 Ascoli 反应）为例。

(1) 环状沉淀反应管（4mm×50mm）、滴管。

(2) 炭疽沉淀素及炭疽标准抗原。

(3) 被检炭疽沉淀抗原。

(4) 0.5%石炭酸生理盐水。

【操作方法】

1. 被检抗原的制备

(1) 取疑为炭疽死亡动物的实质脏器 1g（或取疑为炭疽动物的血液、渗出液数毫升）放入试管或小三角烧瓶中剪碎，加生理盐水 5~10mL，煮沸 30min，冷却后用滤纸过滤使之呈清澈透明的液体，即为被检抗原。

(2) 如被检材料是皮张、兽毛等，可采用冷浸法。先将样品高压灭活 30min 后，皮张剪为小块并称重，加 5~10 倍的 0.5%生理盐水，室温或 4℃冰箱中浸泡 18~24h，滤纸过滤，滤液即为被检抗原。

注意：在操作疑似炭疽病料时一定要注意个人防护。操作后所有用品均应高压灭菌。

2. 环状沉淀反应操作步骤

(1) 取环状沉淀反应管 3 支置于试管架上，编号。用毛细滴管（或 1mL 带长针头的注射器代替）吸取炭疽沉淀素，加入反应管底部，每管加入约 0.1mL（达试管 1/3 高度处），勿使沉淀素产生气泡。

(2) 取其中 1 支反应管，用一支洁净毛细滴管吸取被检抗原，将反应管略倾斜沿管壁缓缓把被检抗原液叠加（层积）到沉淀素上，至反应管高度 2/3 处，使两液接触处形成一整齐的界面（注意不要产生气泡，不可摇动），轻轻直立放置。

(3) 其余两支反应管，按上述操作分别加入炭疽标准抗原和生理盐水，作为对照。将三支反应管静置于试管架上数分钟,观察结果。

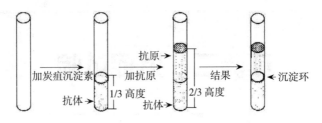

图 2-1 炭疽环状沉淀反应原理示意图

【结果判定】抗原加入后 5~10min,加炭疽标准抗原管应出现乳白色沉淀环,而加生理盐水管应无沉淀环出现。若被检管两液界面出现清晰、致密的乳白色沉淀环则判为阳性反应,说明被检病料来自患炭疽的动物。

【注意事项】

(1) 沉淀素和被检抗原必须清澈,如不清澈,可离心取上清液待用;或冷藏后使脂类物质上浮,用吸管吸取底层的液体进行实验。

(2) 试验时必须设对照,以免出现假阳性。

二、絮状沉淀试验

【目的要求】掌握絮状沉淀试验的基本原理及操作方法。

【实验原理】絮状沉淀试验是将抗原与相应抗体混合,在电解质存在的条件下,抗原、抗体结合形成肉眼可见的絮状沉淀物。抗原、抗体比例最合适时,沉淀物出现最快,混浊度最大;抗原过剩或者抗体过剩时,则反应出现时间延迟,沉淀减少,以至于全部抑制,出现前带现象或者后带现象。故常用固定抗体稀释抗原法或者固定抗原稀释抗体法,作为抗原、抗体最适结合比测定的基本方法。操作上大致分为 3 种类型,分别为抗原稀释法、抗体稀释法和方阵滴定法。

抗原、抗体按不同比例混合后,每隔一段时间(5~10min)观察一次,记录出现反应的时间和强度,以出现反应最早和沉淀物最多的管作为最适比例管。当抗原为两种以上成分时,往往出现两个峰值。因此本法不适用于多种抗原的分析,更多用于抗原抗体最适比例的测定,通常用于毒素和抗毒素的滴定。

【实验材料】

(1) 牛血清白蛋白标准抗原及牛血清白蛋白抗血清。

(2) 生理盐水。

(3) 小试管或凹玻片、吸管或微量移液器等。

【操作方法】

1. 抗原稀释法

(1) 在小试管中将牛血清白蛋白标准抗原作一系列倍比稀释(由 1:5 稀释至 1:160 或更大),每管中分别加入相应稀释液 500μL。

(2) 在各管中加入一定浓度的牛血清白蛋白抗血清 500μL。

(3) 摇振使抗原、抗体充分混匀，置 37℃ 孵育。
(4) 沉淀产生量随着抗原量的不同而不同，以出现沉淀物最多的管为最适比例管。

2. 抗体稀释法
(1) 在小试管中将牛血清白蛋白抗血清作一系列倍比稀释（由 1∶5 稀释至 1∶80 或更大），每管中分别加入相应稀释液 500μL。
(2) 在各管中加入 500μL 的牛血清白蛋白标准抗原。
(3) 摇振使抗原、抗体充分混匀，置 37℃ 孵育。
(4) 沉淀产生量随着抗体量的不同而不同，以出现沉淀物最多的管为最适比例管。

3. 方阵滴定法
(1) 在小试管中将抗原作一系列倍比稀释（由 1∶5 稀释至 1∶320），牛血清白蛋白抗血清作一系列倍比稀释（由 1∶5 稀释至 1∶80 或更大）。
(2) 按照表 2-1 进行方阵滴定，摇振使抗原、抗体充分混匀，置 37℃ 孵育；
(3) 沉淀产生量随着抗原和抗体比例的不同而异，以出现沉淀物最多的管为最适比例管。

表 2-1 抗原抗体最适比的方阵滴定法

抗体稀释度	抗原稀释度							
	1∶5	1∶10	1∶20	1∶40	1∶80	1∶160	1∶320	对照
1∶5	＋	＋＋	＋＋＋	＋＋＋	＋＋	＋	＋	－
1∶10	＋	＋＋	＋＋	＋＋	＋＋	＋＋	＋	－
1∶20	＋	＋＋	＋＋	＋＋	＋＋＋	＋＋	＋	－
1∶40	－	＋	＋	＋＋	＋＋	＋＋＋	＋＋	－
1∶80	－	－	－	－	＋	＋	＋	－

注：＋表示有沉淀产生，－表示无沉淀产生。

【结果判定】 抗原稀释法和抗体稀释法都是以沉淀物最多的管作为最适比例管；方阵滴定法可以较准确地找出抗原和抗体进行反应的最适稀释比例。如表 2-1 所示，当使用抗体进行 1∶20 稀释时，抗原应为 1∶80 稀释；如抗原进行 1∶160 稀释时，抗体则应进行 1∶40 稀释最为恰当。

【注意事项】
(1) 摇振混匀抗原抗体时要小心，不要产生气泡，以免影响实验结果的观察。
(2) 反应温度、pH 等因素对实验结果有一定的影响。在一定限度内，反应速度和沉淀物的量随温度增加而增加，但超过这一限度时则效果相反。一般沉淀反应的温度幅度在 0～56℃，常用反应温度为室温至 37℃。但有的抗原抗体反应的最适温度较低，只有在低温下才出现可见反应。反应所需 pH 视抗原抗体不同而异，一般在 pH 为 7.0 环境下进行反应为好，如超过 6.5～8.2 的范围，有可能产生非特异性沉淀，干扰实验结果的观察和判定。

三、琼脂扩散沉淀试验

【目的要求】 掌握琼脂扩散沉淀试验的操作方法和判定标准。
【实验原理】 抗原抗体在琼脂凝胶内扩散，特异性的抗原抗体相遇后，在凝胶内的电解质参与下出现沉淀,形成肉眼可见的沉淀线,这种反应称为琼脂扩散沉淀试验(AGP),简称琼脂扩散试验或琼扩试验。

物质自由运动形成扩散现象,扩散可以在各种介质中进行。采用1%的琼脂可形成网状构架,空隙中98%~99%是水,扩散就在此水中进行,允许分子质量在200 ku以下的分子通过。绝大多数可溶性抗原和抗体的分子质量在200 ku以下,因此可以在琼脂凝胶中自由扩散,所受阻力很小。抗原和抗体在琼脂凝胶中相遇,在最适比例处结合形成抗原抗体复合物,此复合物因颗粒较大而不能扩散,故形成沉淀带。

一种抗原抗体系统只出现一条沉淀带,复合抗原中的多种抗原抗体系统均可根据自己的浓度、扩散系数、最适比等因素形成自己的沉淀带。本法的主要优点是能将某种复合的抗原成分加以区分,根据沉淀带出现的数目、位置以及相邻两条沉淀带之间的融合、交叉、分支等情况,就可了解该复合抗原的组成及相互关系。

本试验既可用已知抗体检测样品中的抗原,也可用已知抗原检测血清样品中的抗体。

【实验材料】

(1) 优质琼脂粉。

(2) 平皿。

(3) 打孔器。

(4) 0.01mol/L磷酸盐缓冲液(PBS)(pH7.4)或其他缓冲液。

【操作方法】

1. 琼脂板制备 按1%称取琼脂粉,加入0.01mol/L PBS(pH7.4)或其他缓冲液,水浴煮沸融化。用纱布包脱脂棉过滤3~4次,至溶液无色透明,然后加入1‰硫柳汞(终浓度为1/10 000),即为1%琼脂凝胶。趁热将琼脂倒入平皿内,使厚度为2~3mm,自然冷却。

2. 打孔 根据要求打孔,一般多打成梅花形孔(图2-2)。挑出孔内琼脂,注意不要挑破孔的边缘。在火焰上缓缓加热,使孔底琼脂凝胶微微融化,或在孔底再加入少量1%琼脂液,以防止孔底边缘渗漏。

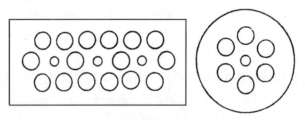

图2-2 琼脂扩散试验打孔示意图

3. 加样 以毛细滴管(或1mL注射器)吸取样品加入孔内,注意不要产生气泡,以加满为度。加毕,盖上平皿盖,10min后再将平皿翻过来,置湿盘中37℃自由扩散24~48h,观察、记录结果。

【结果判定】

(1) 如中心孔的抗血清与周围被检抗原孔及其相邻孔出现沉淀带完全融合,证明为同种抗原;若二者有部分相连,表明二者有共同抗原成分;若二条沉淀线相互交叉,说明二者抗原完全不同,如图2-3所示。

(2) 做血清流行病学调查时，将标准抗原置中心孔，周围孔加标准阳性血清和被检血清。被检孔与阳性孔出现的沉淀带完全融合者判为阳性。被检血清无沉淀带或所出现的沉淀带与阳性对照的沉淀带完全交叉者判为阴性。被检孔虽未出现沉淀带，但两阳性孔的沉淀带在接近被检孔时，两端均向内有所弯曲者判为弱阳性。若仅一端有所弯曲，另一端仍为直线者，判为可疑，需重检。重检时，可加大检样的量。被检孔无沉淀带，但两侧阳性孔的沉淀带在接近检样孔时变得模糊、消失，可能为被检血清中抗体浓度过大，致使沉淀带溶解，可将样品稀释后重检。

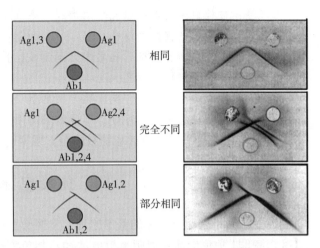

图 2-3 琼脂免疫扩散试验结果示意图

(3) 检测抗血清的效价时，将抗原置中央孔，抗血清倍比稀释后置周围孔，以出现沉淀带的血清最高稀释倍数为该抗血清的 AGP 效价。

【注意事项】

(1) 不规则的沉淀线可能是加样过满溢出、孔型不规则、边缘开裂、孔底渗漏、孵育时没放水平、扩散时琼脂变干燥、温度过高蛋白质变性等因素所致。

(2) 抗原抗体的比例与沉淀带的位置、清晰度有关。如抗原过多，沉淀带向抗体孔偏移和增厚，反之亦然。

【附】琼脂扩散试验诊断马传染性贫血

1. 材料与试剂

(1) 标准阳性血清和标准阴性血清，从指定的生物制品厂购买。

(2) 马传染性贫血琼脂扩散用抗原，从指定的生物制品厂购买。

2. 操作方法

(1) 取琼脂粉 1g，加含有 1/10 000 硫柳汞的 PBS 100mL，水浴加热使之完全融化。

(2) 取平皿（直径 9cm），将融化的琼脂倒入，每个平皿 15～18mL，使其厚度约为 2.5mm，冷却后加盖，放入 4～8℃ 冰箱内至少 4h。

(3) 按 7 孔梅花图案打孔，中央孔 1 个，孔径 4mm，外周孔 6 个，直径 6mm，孔距 8mm（中间孔至外周孔的中心距离），封底。

(4) 中央孔加抗原，2、5 号孔加标准阳性血清，其余 1、3、4、6 孔分别加被检血清，加满为止。加毕后，平皿加盖，平放入铺有数层湿纱布的带盖搪瓷盘内，置 15～30℃ 条件下孵育。每日观察一次，连续 3d。

3. 结果判定 当标准阳性血清孔与抗原之间出现一条明显致密的沉淀线时，再进行被检血清孔的判定。

阳性：被检血清孔与抗原孔之间形成一条沉淀线，或者标准阳性血清的沉淀线末端向内弯向毗邻的被检血清孔。

阴性：被检血清孔与抗原孔之间无沉淀线，且标准血清阳性孔与抗原孔之间的沉淀线直向毗邻的被检血清孔。

可疑：标准阳性血清孔与抗原孔之间的沉淀线末端似乎弯向毗邻被检血清孔，但不易判断，此种结果判为可疑。可疑结果必须进行复试，将抗原做1∶2、1∶4、1∶8、1∶16等稀释，进行琼脂扩散试验，观察时间可延长至3d，最后判定结果。

四、免疫电泳

【目的要求】了解免疫电泳的基本原理，掌握操作技术和结果判定方法。

【实验原理】免疫电泳是琼脂平板电泳和双相免疫扩散两种方法的结合。将抗原样品在琼脂平板上先进行电泳，使其中的各种成分因电泳迁移率的不同而彼此分开，然后加入抗体做双相免疫扩散，使已分离的各抗原成分与抗体在琼脂中扩散而相遇，在二者比例适当的地方，形成肉眼可见的沉淀弧，然后根据沉淀弧的数量、位置、弧度等分析和鉴定抗原组成。

该方法可以用于：①抗原和抗体的鉴定；②测定样品的各成分以及它们的电泳迁移率；③根据蛋白质的电泳迁移率、免疫特性及其他特性，确定该复合物中含有某种蛋白质；④鉴定抗原或抗体的纯度。

【实验材料】

（1）0.05mol/L 巴比妥缓冲液（pH8.6）（巴比妥钠20.6g、巴比妥酸3.66g、蒸馏水800mL，混合，加热助溶，冷至室温加叠氮钠2g，再补充蒸馏水至总量1 000mL）。

（2）优质琼脂或琼脂糖。

（3）电泳仪、玻璃板、打孔器等。

【操作方法】

（1）在玻璃板的中央放置一小玻璃棒（直径2～3mm），然后用0.05mol/L 巴比妥缓冲液（pH8.6）配制1%琼脂，制成琼脂板，板厚2～3mm。

（2）在玻璃棒的两侧，板中央或1/3处，距玻璃棒3～5mm各打直径3mm的孔（图2-4）。

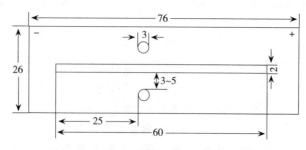

图2-4 微量免疫电泳示意图（单位：mm）

（3）在孔内加满血清。

（4）将玻璃板置电泳槽上进行电泳。电流为2～3mA/cm（或按电压3～6V/cm），电泳数分钟后，凝胶电阻会降低，电流升高，需及时调整以保持电流稳定。电泳时间一般 1~2h（必要时需电泳 4~6h）。当血清蛋白（微带黄色）泳至距加样孔 12~13mm 时，即可关闭电源。

（5）停止电泳，用小刀片在玻璃板两侧切开，取出玻璃棒，加抗血清样品。

（6）置于湿盒内 37℃（或常温）扩散 24h，取出观察结果。

（7）于生理盐水中浸泡 24h，中间换液数次，取出后，加 0.05% 氨基黑染色 5~10min，然后以 1.0mol/L 冰醋酸脱色至背景无色为止。

【结果观察】观察加兔血清孔出现沉淀弧数目，并区别白蛋白以及 α_1、α_2、β_1、β_2 和 γ 球蛋白等沉淀弧。

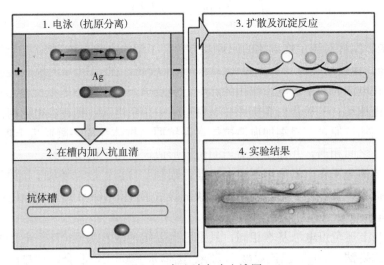

图 2-5　兔血清免疫电泳图

【结果分析】

1. 常见的沉淀弧　由于经电泳分离的各抗原成分在琼脂中呈放射状扩散，而相应的抗体呈直线扩散，因此生成的沉淀一般多呈弧形，常见的弧形如下：①交叉弧，表示两个抗原成分的迁移率相近，但抗原性不同；②平行弧，表示两个不同的抗原成分，它们的迁移率相同，但扩散率不同；③加宽弧，一般是由于抗原过量所致；④分支弧，一般是由于抗体过量；⑤沉淀线中间逐渐加宽并接近抗体槽，一般是由于抗原过量，在白蛋白位置处形成；⑥其他还有弯曲弧、平坦弧、半弧等。

2. 沉淀弧的曲度　匀质性的物质具有明确的迁移率，能生成曲度较大的沉淀弧。反之有较宽迁移范围的物质，其沉淀弧曲度较小。

3. 沉淀线的清晰度　沉淀线的清晰度与抗原抗体的特异性有关，也与抗体的来源有关。抗血清多来源于兔、羊、马。兔抗体的特点是形成沉淀线宽而淡，抗体过量对沉淀线影响较小，而抗原过量，沉淀线发生部分溶解。马抗血清所形成的沉淀线致密、清晰，抗原或抗体过量时，复合物沉淀溶解、消失，而且产生继发性的非特异性沉淀。因此使用抗原抗体时，一定要找好适当的比例。

4. 沉淀弧的位置　高分子质量的物质扩散慢，所形成的沉淀线离抗原孔较近；而分子质量较小的物质，扩散速度快，沉淀弧离抗体槽近一些。抗原浓度高沉淀弧偏近抗体槽，反之,抗体浓度过高,沉淀弧偏近抗原孔。

【注意事项】

(1) 免疫电泳分析法的成功与否主要取决于抗血清的质量。抗血清中必须含有足够的抗体,才能同被检样品中所有抗原物质形成沉淀线。

(2) 抗血清虽然含有对所有抗原物质的相应抗体,但抗体效价有高有低,因此要适当考虑抗原孔径的大小和抗体槽的距离。

(3) 免疫电泳要求分析的物质一方为抗原,另一方为沉淀反应性抗体,因此没有抗原性的物质或抗原性差的物质、非沉淀反应性抗体,均不能用免疫电泳进行分析。

五、对流免疫电泳

【目的要求】掌握对流免疫电泳的原理及方法,了解本方法在传染病快速诊断中的应用。

【实验原理】免疫球蛋白(主要为IgG)等电点较高,在pH8.6的琼脂凝胶中只带有微弱的负电荷,在电泳时,由于电渗作用的影响,免疫球蛋白不但不能抵抗电渗作用向正极泳动,反而向负极泳动;一般蛋白质抗原在碱性溶液中带负电荷,因此在电泳时从负极向正极泳动。在负极端加抗原,正极端加血清抗体,则抗原与抗体在同一凝胶板上形成相对泳动,电泳后则在两孔之间相遇,并在比例适当的位置形成肉眼可见的沉淀线。

由于抗原抗体分子在电场作用下定向运动,限制了自由扩散,增加了抗原抗体相应作用的浓度,从而提高了敏感性,本法较琼脂扩散试验敏感性高10~16倍,且快速、简单。

【实验材料】

其他材料与上述免疫电泳基本相同,只是巴比妥缓冲液宜为0.075mol/L的双浓度巴比妥缓冲液(巴比妥钠30.9g、巴比妥酸5.52g、蒸馏水800mL,混合,加热助溶,冷至室温后加叠氮钠2g,再补充蒸馏水至总量1 000mL)。

【操作方法】

1. 制琼脂板   以0.075mol/L巴比妥缓冲液(pH8.6)配成1%琼脂凝胶板,厚度2~3mm。

2. 打孔   琼脂冷却后,按图2-6打成对的小孔数列,孔径0.3~0.6cm,孔距0.4~1.0cm。挑去孔内琼脂,封底。

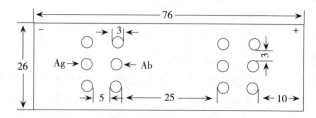

图2-6 对流免疫电泳示意图(单位:mm)

3. 加样   在两孔中一孔加已知(或被检)抗原,另一孔加被检(或已知)抗体。

4. 电泳   将抗原孔置于负极端。按电压2.5~6V/cm或电流强度3~5mA/cm进行电泳,时间为1~3h。

【观察结果】衬以黑色背景观察，在抗原抗体孔之间形成一条清晰致密的白色沉淀线者则为阳性（图 2-7）。如沉淀线不清晰，可把琼脂板放在湿盒中 37℃ 数小时或置电泳槽过夜再观察。

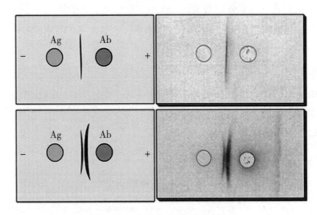

图 2-7　对流免疫电泳结果图

（左为模拟图，右为实际电泳图）

【注意事项】

（1）当抗原抗体比例不适当时，均不能出现肉眼可见的沉淀线，所以除了应用高效价的血清外，每份被检样品均可做几个不同的稀释度来进行检查。

（2）为了排除假阳性反应，则在被检抗原孔的邻近并列一阳性抗原孔，若被检样品中的抗原与抗体所形成的沉淀线和阳性抗原抗体沉淀线完全融合时，则被检样品中所含的抗原为特异性抗原。

（3）当琼脂质量差时，电渗作用太大，而使血清中的其他蛋白成分也会泳向负极，造成非特异性反应。在某些情况，琼脂糖由于缺乏电渗作用而不能用于对流免疫电泳。因而，适当的电渗作用在对流免疫电泳中是必要的。

（4）当抗原抗体在同一介质中带同样电荷或迁徙率相近时，则电泳时两者向着一个方向泳动，不能用对流免疫电泳来检查。

六、火箭免疫电泳

【目的要求】掌握火箭免疫电泳操作方法，了解用不同方法测定抗原浓度的原理和计算方法。

【实验原理】抗原在含有抗体的凝胶中进行电泳，在电场力作用下向一个方向移动，在移动的过程中，与相应的抗体结合而形成火箭状的复合物沉淀。由于抗原继续向前移动，原来的沉淀被过量的抗原所溶解，新的沉淀也随着向前移动，当抗体与抗原达到平衡时，形成稳定的火箭状沉淀。沉淀峰面积越大，说明抗原量越多，二者呈正相关，因此可用于抗原的定量测定（可用标准曲线求出被检抗原的浓度）。

【实验材料】

（1）用 0.05mol/L 巴比妥缓冲液（pH8.6）配成的 2% 琼脂凝胶。

(2) 抗原与抗体。
(3) 其他材料同免疫电泳。

【操作方法】

1. 制板　将 2%琼脂凝胶煮沸溶化后,放入 60℃水浴箱中。将适量的抗体用 0.05mol/L 巴比妥缓冲液（pH8.6）稀释至琼脂同样的体积,放入 60℃水浴,将两者充分混合,立即倒成平板。

2. 打孔　琼脂板冷却后按图 2-8 所示在一侧打孔,孔径 3mm,孔距 6mm。

3. 加样　将琼脂板上槽,孔端在负极,加缓冲液并接通线路。于孔内分别加入不同浓度的定量抗原（最好在通电后 5min 加样,以免自由扩散）。

4. 电泳　加样完毕,立即通电。按电流强度 3mA/cm（或电压 10V/cm）进行电泳,时间 2～4h。

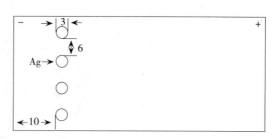

图 2-8　火箭免疫电泳示意图（单位：mm）

5. 染色　停止电泳,将琼脂板于生理盐水中浸泡 24h,中间换液数次。加 0.05%氨基黑染色 5～10min,然后以 1mol/L 冰醋酸脱色至背景无色为止。

6. 抗体最适量的测定　将已知抗原与抗体以不同浓度梯度进行方阵试验,找出所形成的火箭状沉淀线轮廓清晰、前端尖窄而闭合的抗体最小量作为抗体的最适用量。

【结果观察】断电后静置 30min 取出琼脂板,以孔的前缘为基点,测量和记录火箭峰的高度（mm）,然后从标准曲线中查出它们相应的抗原含量（mg/mL）。

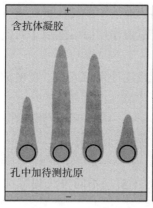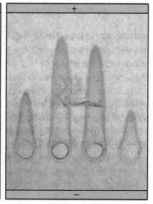

图 2-9　火箭免疫电泳结果

【注意事项】

(1) 抗原抗体的用量应当预试,抗原太浓,在一定时间内不能达到最高峰。抗体太浓,则沉淀峰太低而无法测量。预试峰的合适高度为 2～5cm。

(2) 用优质琼脂糖。

(3) 一定条件下,电泳时间要根据峰的形成情况而定,如形成尖角峰形,表示已无游离抗原,如呈钝圆形,前面有云雾状,表示还未到终点。

(4) 把琼脂板置于电泳槽上搭好桥，再加抗原，或打开电源后，电压极低时加样，以免造成基部过宽的峰型。

【附】火箭免疫电泳抗原定量标准曲线的绘制方法

抗血清做不同的浓度稀释（通常做 1∶50、1∶100、1∶150、1∶200 共 4 个稀释度），分别制成琼脂板，加入不同稀释度的抗原做火箭电泳。重复几次，不断调整抗原的用量和凝胶浓度、电场强度、电泳时间等，直至沉淀峰典型、清晰，与不同抗原量有稳定的线性关系时，确定抗血清的标准浓度。制备较多的标准琼脂板，将抗原以系列稀释的每个稀释度多次重复试验，取峰高平均值（mm）作为横轴，以抗原量（mg/mL）作为纵轴，用直线回归法绘制标准曲线（图 2-10）。电泳结束后，测量火箭高度，即可从标准曲线查出抗原的量。

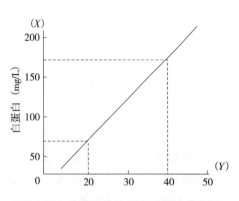

图 2-10　火箭电泳抗原定量标准曲线图

（姜世金编写，朱瑞良、彭军审稿）

实验三　凝集试验

一、平板凝集试验

【目的要求】掌握平板凝集试验的操作技术和判定方法。

【实验原理】细菌、螺旋体、红细胞等颗粒性抗原直接与相应抗体结合后,在适量电解质存在相关条件下,可凝集成肉眼可见的颗粒或片状物,即凝集现象。根据凝集现象可以对被检抗原或被检抗体进行定性测定。

【实验材料】以鸡白痢平板凝集试验为例,可参考 NY/T 536—2002)

(1) 平板（或玻板、白瓷板、载玻片等,要求洁净无油脂）。

(2) 鸡白痢多价染色平板抗原,鸡白痢强阳性血清、弱阳性血清、阴性血清。

(3) 被检鸡血清或全血。

(4) 微量移液器、微量滴头（或毛细滴管）、金属丝环（内径 7.5～8.0 mm）

【操作方法】

在 20～25℃环境条件下,用定量滴管或吸管吸取抗原,垂直滴于玻璃板上 1 滴（相当于 0.05 mL）,然后用针头刺破鸡的翅静脉或冠尖取血 0.05 mL（相当于内径 7.5～8.0 mm 金属丝环的两满环血液）,与抗原充分混合均匀,并使其散开至直径为 2cm,不断摇动玻璃板,计时判定结果,同时设强阳性血清、弱阳性血清、阴性血清对照（图 3-1）。

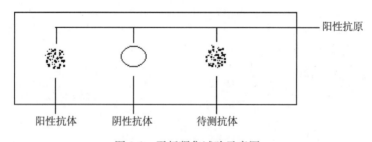

图 3-1　平板凝集试验示意图

【结果判定】

(1) 凝集反应判定标准：

①100%凝集,"＋＋＋＋"：紫色凝集块大而明显,混合液稍浑浊。

②75%凝集,"＋＋＋"：紫色凝集块较明显,但混合液有轻度浑浊。

③50%凝集,"＋＋"：出现明显的紫色凝集颗粒,但混合液较为浑浊。

④25%凝集,"＋"：仅出现少量的细小颗粒,而混合液浑浊。

⑤0%凝集，"－"：无凝集颗粒出现，混合液浑浊。

（2）在 2 min 内，抗原与强阳性血清应呈 100%凝集"＋＋＋＋"，弱阳性血清应呈 50%凝集"＋＋"，阴性血清不凝集"－"，判试验有效。

（3）在 2 min 内，被检全血与抗原出现 50%"＋＋"以上凝集者为阳性，不发生凝集则为阴性，介于两者之间为可疑反应。将可疑鸡隔离饲养 1 个月后，再做检疫，若仍为可疑反应，按阳性反应判定。

【注意事项】

（1）该项试验也可用阳性血清测定被检抗原，如用细菌分型血清测定细菌抗原的血清型。

（2）集约化鸡场鸡白痢检疫常用此法淘汰阳性鸡。生产中常用加有抗凝剂的鸡白痢阳性染色抗原，直接检测鸡全血中的鸡白痢抗体，既便于观察，提高检出率，亦节省人力和物力。

（3）只有在阳性抗体对照、阴性抗体对照出现正确结果的前提下，被检抗体的检测结果才真实可信，否则有假阴性、假阳性的可能。

二、试管凝集试验

【目的要求】掌握试管凝集试验的操作技术、结果观察方法和凝集价的概念及判定方法。

【实验原理】细菌、螺旋体、红细胞等颗粒性抗原直接与相应抗体结合后，在有适量电解质存在的情况下，能相互凝集成肉眼可见的凝集块沉于试管底部，根据试管底部凝集块的多少和上清液的清亮程度可以确定抗原被凝集的程度，从而对被检抗原或被检抗体进行定性、定量测定。

【实验材料】

以布氏杆菌试管凝集试验为例，可参考 SN/T 1088—2010。

（1）布氏杆菌试管凝集抗原、布氏杆菌阳性血清、布氏杆菌阴性血清。

（2）被检血清：必须新鲜，无明显蛋白凝固，无溶血现象和腐败气味。

（3）稀释液：0.5%石炭酸生理盐水（含 0.5%石炭酸，0.85%氯化钠溶液），检验羊血清时用含 0.5%石炭酸的 10%氯化钠溶液。

（4）试管架、小试管（口径 8~10mm）、灭菌吸管等。

【操作方法】

1. 确定被检血清的稀释度 牛、马、骆驼稀释用 1:50、1:100、1:200、1:400（4 个稀释度）；猪、山羊、绵羊和犬用 1:25、1:50、1:100、1:200（4 个稀释度）。大规模检疫时也可用 2 个稀释度，即牛、马、骆驼用 1:50、1:100，猪、山羊、绵羊和犬用 1:25、1:50。如果为了测定强阳性血清效价，稀释度也可以增加。

2. 血清的稀释

（1）猪、山羊、绵羊和犬血清的稀释：

①每份被检血清用 4 支试管，标记检验编号后第 1 管加 1.15 mL 稀释液，第 2~4 管各加入 0.5 mL 稀释液。

②取被检血清 0.1 mL，加入第 1 管，充分混匀后吸弃 0.25 mL。

③从第1管中吸取0.5 mL加入到第2管，混合均匀后，再从第2管吸取0.5 mL至第3管，如此倍比稀释至第4管，从第4管弃去0.5 mL，稀释完毕。

④第1～4管的血清稀释度此时分别为1∶12.5、1∶25、1∶50、1∶100（表3-1）。

(2) 牛、马和骆驼血清的稀释：牛、马和骆驼血清的稀释方法与(1)中①～④基本一致，差异是第1管加1.2 mL稀释液和0.05mL被检血清，血清稀释度此时依次为1∶25、1∶50、1∶100、1∶200。

3. 加抗原 将0.5 mL抗原（1∶20）加入已稀释好的各血清管中，并振摇均匀，猪、羊或犬的血清稀释则依次变为1∶25、1∶50、1∶100、1∶200，牛、马和骆驼的血清稀释度则依次变为1∶50、1∶100、1∶200、1∶400。各反应管溶液总量为1 mL。

4. 对照管的制作 每次试验均必须设阴性血清、阳性血清、抗原对照。阴性血清对照：阴性血清的稀释和加抗原的方法与被检血清相同。阳性血清对照：阳性血清的最高稀释度应超过其效价滴度，加抗原的方法与被检血清相同。抗原对照：在0.5mL稀释液中，加0.5mL抗原（1∶20）。

5. 全部试管于充分振荡后置于37～38℃温箱中22～24h，然后检查并记录结果。

表3-1 试管凝集试验操作术（猪、山羊、绵羊和犬血清）

	1	2	3	4	5	6	7
终稀释度	1∶25	1∶50	1∶100	1∶200	Ag^+对照	Ab^+对照	Ab^-对照
0.5%石炭酸生理盐水(mL)	1.15	0.5	0.5	0.5	0.5	—	—
被检血清（mL）	0.1	0.5	0.5	0.5	—	0.5(Ab^+)	0.5(Ab^-)
阳性抗原（1∶20）(mL)	0.5	0.5	0.5	0.5	0.5	0.5	0.5

弃去0.25　　　　　　　　　　　　弃去0.5

注：—表示不加试剂；终稀释度为加入抗原后的稀释度。

6. 配制比浊管 每次试验均必须配制比浊管，作为判定凝集反应程度的依据，先将抗原（1∶20）用等量稀释液做1倍稀释，然后按表3-2配制比浊管。

表3-2 比浊管的配制

	1	2	3	4	5
抗原稀释液（1∶40）(mL)	1.00	0.75	0.50	0.25	0
0.5%石炭酸生理盐水（mL）	0	0.25	0.50	0.75	1.00
清亮度（%）	0	25	50	75	100
凝集度标记	—	+	++	+++	++++

注：++++表示完全凝集，菌体100%下沉，上层液体100%清亮；+++表示几乎完全凝集，上层液体75%清亮；++表示凝集很显著，液体50%清亮；+表示有沉淀，液体25%清亮；—表示无沉淀液体不清亮。

【结果判定】

(1) 确定每份被检血清效价，比照比浊管判读，出现"++"以上凝集现象的最高血清稀释度为血清凝集价。

(2) 当阴性血清对照和抗原对照不出现凝集"—"，阳性血清的凝集价达到其标准效价±1个滴度，则证明试验成立，可以判定。否则，试验应重做。

(3) 判定：牛、马和骆驼于1∶100血清稀释度，猪、山羊、绵羊和犬于1∶50血清稀释度出现"++"以上的凝集现象时，被检血清判定为阳性反应（图3-2）。

图3-2　试管凝集现象示意图

牛、马和骆驼的血清布氏杆菌凝集价为1∶50，绵羊、山羊和猪的血清布氏杆菌凝集价为1∶25，均判为疑似反应。疑似反应的家畜，3~4周后必须重新采血，再次试验，牛、绵羊、山羊如果仍为疑似反应时，可判为阳性，猪和马如果重检仍为疑似反应，同时该群中既无本病的流行病学情况，又无临床病例，血检又无阳性反应时，可判为阴性反应。

【注意事项】

(1) 由于某些细菌常发生自身凝集或酸凝集，实验时必须设阳性抗体对照、阴性抗体对照、生理盐水对照，以避免假阳性、假阴性的情况发生。

(2) 反应中最初几管常由于抗体过剩而不凝集，为前带现象。有些细菌与其他细菌含共同抗原，发生交叉凝集，出现假阳性反应，应注意区别，但交叉凝集的凝集价一般比特异性凝集价低。

(3) 试管凝集试验亦可改用微量凝集板进行，以节省抗原和抗体的用量，特别适于大规模的流行病学调查。

三、间接血凝试验

【目的要求】掌握间接血凝试验的操作方法及凝集结果的识别方法；通过示教了解红细胞醛化和致敏的基本方法。

【实验原理】可溶性抗原和其抗体在一定条件下形成复合物，由于复合物溶于水，数量又较少，不能为肉眼所觉察。如果将可溶性抗原（或抗体）吸附在具有载体作用和指示功能的红细胞上，在有电解质存在的适宜条件下与对应的抗体（或抗原）相遇，发生抗原抗体反应，并可将红细胞（载体）凝集起来，即可出现肉眼可见的凝集现象，使反应的灵敏度大为提高（比直接凝集试验高2~8倍）。为区别于普通的血凝试验，称此反应为间接血凝试验（图3-3）。

图3-3　间接血凝试验示意图

被检材料（血清）中的抗体与游离抗原结合后，就不再凝集携带抗原的红细胞，称为间接血凝抑制试验。主要用于证实间接血凝试验的特异性，可用于检测抗体或抗原。

常用的动物红细胞有绵羊红细胞或正常人O型红细胞等。本试验适用于抗体和可溶性抗原的检测。其特点是微量、快速、操作简便、无需特殊设备、应用范围广泛。

【实验材料】

(1) 微量反应板：V形或U形，96孔或72孔均可。

(2) 微量移液器：20～200 μL 规格者适宜。

(3) 微量滴头：若干。

(4) 微量混合器。

(5) 稀释液：应用最多的是 R-PBS（含兔血清的磷酸盐缓冲液），其他有普通 PBS、生理盐水等。

(6) 致敏红细胞：一般就地取材，自备抗原或抗体，用以致敏醛化红细胞。比较方便的现成材料，如南方的锥虫补反抗原，北方的鼻疽抗原，都很容易吸附在红细胞上，作成致敏红细胞。

(7) 被检材料：采集病畜血清若干份，要有标准的阴性血清及较多的阳性血清，便于对照观察。

【操作方法】

1. 间接血凝试验

(1) 根据被检材料的份数，每份材料安排一排孔，在微量反应板上按顺序编号。反应板可横用，也可竖用，视需要的孔数而定，一般定性试验多竖用，定量试验多横用。

(2) 计划好的各排，每孔加稀释液 25 μL。

(3) 取被检材料 25 μL，对号加入该排第一孔，混合均匀，逐孔向后做倍比稀释至倒数第二孔为止。其系列稀释的倍数为：2、4、8、16、32、64、128……最后一孔为稀释液对照。

(4) 每孔加致敏红细胞 25 μL，将反应板置于混合器上，中速振荡至红细胞分散均匀（约 1min）。然后将反应板放入 37℃ 温箱（南方的温暖季节可静置于室温），经 80～90 min 观察结果。

(5) 试验中，应设一排阳性对照，一排阴性对照。

2. 间接血凝抑制试验　按间接血凝试验的 (1)、(2)、(3) 步骤操作后，制作抑制试验的一排孔，每孔加适度稀释的抑制材料 25 μL（板上稀释抗体的，以相应的抗原作为抑制材料；板上稀释抗原的，以相应的抗体作为抑制材料。抑制材料的稀释度应事先预测，以至少能抑制两个以上的孔为宜）。不需抑制的排每孔加稀释液 25 μL，于 37℃ 保温 30min，然后按上述步骤 (4) 进行操作。

【结果判定】 将反应板置于白色背景或置于有照明的毛玻璃板上，从正上方观察结果。

1. 对照组观察　正常情况下，每排最后一孔是阴性；阴性对照排无凝集孔，某些材料可能出现非特异性凝集，至多允许 2 孔；阳性对照排应凝集 4 孔以上，否则无效，宜查清原因重试。

2. 待检组观察　将各被检材料排与对照排比较，与阴性相似者为阴性，与阳性相似者为阳性（凝集孔数至少比阴性对照多 2 孔以上）。介于阴性与阳性之间为可疑，应适当降低致敏红细胞的浓度进行复试，再作判定。

3. 凝集程度与记录

(1) 0% 凝集：不凝集的阴性孔红细胞都集中沉于孔底的最低处，形成一定的图形。不同孔形的板，图形略有差异，V 形孔者呈边缘清晰的圆点；U 形孔者呈小圆圈（红细胞浓度较高者呈较大的圆点）。记录符号为"0"。

(2) 25% 凝集：红细胞大部分沉积于孔中心，沉积点边缘模糊，周围有散在的凝集红细胞。记录符号为"1"。

（3）50%凝集：红细胞少许沉积中部，周围有混浊带，约占孔面积的50%，外周液澄明。记录符号为"2"。

（4）75%凝集：孔内凝集面积比50%凝集者大，但又未遍及全孔者。记录符号为"3"。

（5）100%凝集：红细胞形成薄层凝集，均匀分布整个孔底（有时边缘可出现皱缩）。记录符号为"4"。

凝集价的计算以"2（4）"为终点，所以50%（100%）凝集的识别和判定是关键，必须准确。

【结果分析】

1. 结果记录 间接血凝的图像在静置状态下数日不变，所以不必当场等候观察，可根据各自的情况，安排合适的时间记录结果。

2. 结果分析举例

（1）抗原致敏红细胞检测抗体：被检血清、阴性抗体、阳性抗体各稀释一排孔，均加同一种抗原致敏的红细胞，结果分析如表3-3所示。

表3-3 抗原致敏红细胞检测抗体结果分析

排号	组别	各孔记录	血凝效价	结果判定
1	阳性对照	4 4 4 4 4 3 2 1 0 0 0 0	128	正常
2	阴性对照	2 1 0 0 0 0 0 0 0 0 0 0	0	正常
3	检料1	4 4 4 4 4 4 3 2 1 0 0 0	256	阳性
4	检料2	4 2 0 0 0 0 0 0 0 0 0 0	0	阴性

（2）抗体致敏红细胞检测抗原：被检抗原、阴性抗原、阳性抗原各稀释一排孔，均加同一种抗体致敏的红细胞，结果分析同表3-3。

（3）抗原致敏红细胞检测抗原（间接血凝抑制试验）：在96孔板上，以阳性血清稀释两排，一排滴加稀释10倍左右的被检材料（被检抗原），另排补加稀释液。振荡混匀后置37℃保温30min，两排均加同一种抗原致敏红细胞。设阴性抗原、阳性抗原对照各一排。结果分析见表3-4。

表3-4 抗原致敏红细胞检测抗原结果分析

排号	组别	各孔记录	结果
1	阳性血清+稀释液组	4 4 4 4 4 3 2 1 0 0 0 0	正常（凝集7孔）
2	阳性血清+被检抗原组	3 2 1 0 0 0 0 0 0 0 0 0	凝集2孔
3	阳性血清+阳性抗原对照	2 1 0 0 0 0 0 0 0 0 0 0	正常
4	阳性血清+阴性抗原对照	4 4 4 4 4 3 2 1 0 0 0 0	正常

表3-4表明，阳性血清凝集7孔，被检抗原组凝集2孔，因此被检材料对阳性血清的抑制滴度为7－2＝5。

抑制指数按稀释血清的倍比法计算，即$2^5＝32$。

抑制价＝抑制指数×抑制物稀释倍数，即32×10＝320。

(4) 抗体致敏红细胞检测抗体（间接血凝抑制试验）：在96孔板上，以阳性抗原稀释两排，一排滴加稀释10倍左右的被检血清，另排补加稀释液。振荡混匀后置37℃保温30min，两排均加同一种抗体致敏红细胞。设阴性抗体、阳性抗体对照各一排，结果分析与表3-4相似。

(5) 上述(3)、(4) 的反向检查：即稀释被检材料的间接血凝抑制试验。将被检抗原或抗体，按倍比法在反应板上稀释，以已知的对应材料作为抑制物，中和后滴加致敏红细胞，结果分析见表3-5。

表 3-5 间接血凝试验测定结果分析

排号	组别	各孔记录	结果判定
1	稀释液＋阳性抗体	4 4 4 4 4 4 4 4 4 4	正常
2	倍比稀释被检抗原1＋阳性抗体	4 4 4 4 4 4 4 4 4 4	阴性
3	倍比稀释被检抗原2＋阳性抗体	0 0 0 0 1 2 3 4 4 4	阳性

【附】红细胞的醛化与致敏（示教）

1. 溶液配制

(1) PB（磷酸缓冲液）：由0.15 mol/L的A、B两液配成。

　A液：$Na_2HPO_4 \cdot 12H_2O$　53.73g 加蒸馏水至1 000mL。

　B液：$NaH_2PO_4 \cdot 2H_2O$　23.4g 加蒸馏水至1 000mL。

　几种常用PB的pH及配制比例：

```
pH    6.0  6.2  6.4  6.6  7.2  7.4  7.8  8.0
A液    13   19   27   38   73   82   92   95
B液    87   81   73   62   27   18    8    5
```

(2) PBS（磷酸盐缓冲液）：其中PB为0.01 mol/L，由上述PB稀释10倍而成；S即NaCl，生理盐水浓度。

(3) R-PBS（兔血清-磷酸盐缓冲液）：兔血清1%，63℃经30min灭活；PB为0.11 mol/L，pH7.2～7.4，由PB母液（0.15 mol/L）100 mL，加蒸馏水36mL而成，外加NaN_3，使之含量为0.1%。

(4) AB（醋酸缓冲液）：由0.1 mol/L的甲、乙两液配成。

　甲液：$CH_3COONa \cdot 3H_2O$　6.8 g 加蒸馏水至500mL。

　乙液：CH_3COOH　3.0 mL 加蒸馏水至500mL。

　几种常用AB的pH及配制比例：

```
pH     4.0   4.2   4.4   4.6   4.8   8.0
甲液    18    26    37    49    60    70
乙液    82    74    63    51    40    30
```

(5) 3%丙酮醛溶液：取原液（含丙酮醛20%）15mL，以10%NaOH液调pH至7.2，加相同pH的PB液至1 000mL。

(6) 2.5%戊二醛溶液：取原液（含戊二醛25%）10mL，加pH7.4的PB液

90mL。

(7) 3%甲醛溶液：取原液（含甲醛36%～38%）8.5mL，加pH7.4的PB液至100mL。

(8) 鞣酸溶液：宜临用时以生理盐水新鲜配制，1%浓度的母液，保存于4℃，3周内使用为佳。

2. 红细胞醛化（或固化） 利用醛类等蛋白凝固剂比较温和地固定红细胞，并保持其原形及表面化学活性基团的黏附作用。

(1) 采血与洗涤红细胞：以抗凝法或脱纤法取数头绵羊的血液并混合，4℃暂存，1周内处理完毕。先用生理盐水洗5次，每次用液约为血量的10倍，混合均匀，1 500r/min离心10min，弃上清液。少量血凝块用镊子除去，必要时以数层纱布过滤。

(2) 红细胞泥容积的估计：利用刻度离心管离心，去上清液后的沉降红细胞如黏土状，为红细胞泥，根据离心管刻度，估算红细胞泥的体积。

(3) 室温醛化：将洗好的红细胞泥用PBS配成8%悬液，然后与3%丙酮醛等量混合，于24～25℃下，缓慢搅拌17～18h。最后红细胞呈咖啡色，离心去上清液，以同PB洗5次，即得丙酮醛固化的红细胞。甲醛处理与固化的过程也是如此；戊二醛则不同，宜配成5%红细胞悬液，每100mL加入2.5%戊二醛20mL，搅拌3min。

(4) 低温醛化：无搅拌设备时，加有丙酮醛的红细胞（或甲醛）的红细胞悬液，混匀后4℃放置，每隔数小时振荡混匀一次，单程48h，其他操作同室温醛化。

(5) 双醛化：以上几种方法可任取一种，也可任取两种方法连续处理，即双醛化。其中以戊二醛处理的红细胞最敏感，缺点是容易自溶；比较稳妥的为丙酮醛-甲醛化。处理完毕的红细胞，用含0.1% NaN_3 的PB（0.11 mol/L、pH7.2）配成10%悬液，分装小瓶4℃保存备用。

3. 红细胞致敏 红细胞作为一种载体颗粒，与一定的抗原或抗体结合之后，具有和对应物（抗体或抗原）发生特异性凝集的敏感性，这一处理过程称为红细胞致敏，已经致敏的红细胞称为致敏红细胞。用于致敏红细胞的抗原或抗体，要求具有较高的效价和一定的纯度，才能制备出凝集价高、特异性好的致敏红细胞。一般原虫、细菌之类，多用抗原致敏；病毒类多用抗体致敏。红细胞致敏化的程度，要求达到较高的凝集价而不自凝，因此应注意选择适宜的剂量、pH、温度和时间，下列数据可供参考。

(1) 抗体及某些蛋白质性抗原致敏红细胞：

剂量：以每毫升缓冲液中所含蛋白质的质量（g）表示。

抗猪瘟抗体	80～160
抗猪丹毒抗体	40～60
抗猪肺疫抗体	30～40
抗弓形虫抗体	20～40

常用pH 4.0～4.4、0.1 mol/L 醋酸缓冲液（AB）。

红细胞浓度：1%。

水浴温度：30～37℃。

温浴时间：30～40min（个别需60～120min）。

（2）抗原致敏红细胞：

剂量：致敏缓冲液中的抗原含量。

伊氏锥虫补反抗原	5μL/mL
马鼻疽补反抗原	5μL/mL
弓形虫（5%虫体）裂解抗原	1%～5%
棘球蚴包囊液	10%
犬恶丝虫抗原	5～10μL/mL
绒毛膜促性腺激素	100IU/mL

缓冲液：常用PB（0.11mol/L，pH6.0～6.6）。

红细胞浓度：1%。

水浴温度：37℃。

温浴时间：30～60min。

（3）操作程序（以锥虫抗原致敏红细胞为例）：取醛化红细胞以生理盐水洗一次，再以生理盐水配成2%悬液；另取1%鞣酸，以生理盐水稀释10～20倍，与红细胞悬液等量相混。此时红细胞浓度为1%，鞣酸浓度为1∶2 000～4 000。经37℃温浴30min，离心去上清液，换用PB悬浮红细胞，使成2%。

以同PB稀释伊氏锥虫补反抗原至10μg/mL。将抗原液与红细胞悬液等量相混，经37℃温浴30min，注意不时轻微搅拌，使红细胞始终处于悬浮状态。离心去上清液，以0.11mol/L、pH7.4的PB洗4次，最后以R-PBS将红细胞配成1%悬液（敏感性特高的红细胞可配成0.3～0.5%），分装小瓶，保存于4℃冰箱。

抽样检查致敏效果：取锥虫病牛阳性血清及健康牛血清（即阴性血清），在反应板上各稀释一排孔（8～10孔），每排留2～4孔不沾血清，作为稀释液对照孔。将抽样红细胞混合均匀，分加各排，摇振均匀，静置80～90min，观察结果。先看稀释液对照孔，要呈典型的阴性；再看阴性血清排，凝集的孔数越少越好（最好是无凝集孔，通常有轻度非特异性凝集，以不超过2孔为限）；最后看阳性血清排，凝集的孔数越多越好。阳性血清排与阴性血清排两者凝集孔数之差，代表该致敏红细胞的有效敏感度：3～4为低敏红细胞，5以上为高敏红细胞，2以下为无效红细胞。稀释液对照孔出现凝集的红细胞，即所谓自凝，也是无效红细胞，应予弃之。

四、SPA协同凝集试验

【目的要求】了解细菌协同凝集试验的操作技术和判定方法。

【实验原理】葡萄球菌蛋白A（简称SPA）是大多数金黄色葡萄球菌细胞壁上所特有的一种成分。它具有能与人及多种哺乳动物（如猪、兔、豚鼠等）血清中的IgG的Fc段发生非特异性结合，而又不影响抗体与抗原相互反应的特性。因此，可以利用金黄色葡萄球菌作为载体，使葡萄球菌菌体上的蛋白A与抗血清中IgG的Fc片段结合。这种带有抗体的葡萄球菌，由于抗体的Fab段暴露在外，遇到相应的细菌（抗原）后，即可与之结合，而呈现凝集现象,从而达到鉴别抗原、诊断疾病的目的(图3-4)。

【实验材料】

(1) 金黄色葡萄球菌1 800株或Cowan I株(SPA阳性标准株)菌稳定液。

(2) 不含SPA的葡萄球菌Z_{12}株或Wood 46株菌稳定液。

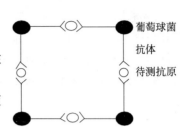

图3-4 协同凝集试验原理示意图

(3) 试验用菌种:禽伤寒沙门菌。

(4) 兔抗禽伤寒沙门菌血清。

(5) PBS(0.15 mol/L,pH7.4)。

(6) 禽伤寒SPA诊断试剂。

(7) 阴性对照菌Z_{12}诊断试剂。

(8) 吸管、滴管、玻板等。

【操作方法】将禽伤寒SPA诊断试剂与阴性对照菌Z_{12}诊断试剂各1滴滴于清洁的载玻片上,再分别滴加被检菌液(禽伤寒沙门菌6~8h的增菌培养液),混匀,摇动玻片,3min内观察结果。

【结果判定】3min内菌体凝集成较大颗粒,液体变清者定为"++++";菌体凝集成中等大颗粒,液体轻微浑浊者定为"+++";凝集颗粒小,液体较浑浊或凝集缓慢者为"++",有少量凝集,液体浑浊者为"+",全无凝集者为"-"。"++"以上者,判为协同凝集反应阳性。

【附】几种试剂的配制

1. 金黄色葡萄球菌1 800株SPA菌稳定液制备 将1 800株菌种接种于营养肉汤(成分:胰蛋白胨10%,NaCl 0.5%,葡萄糖0.25%,K_2HPO_4 0.25%,牛肉浸液50%,蒸馏水50%,pH7.4)中,37℃培养18h。用这种培养液2~3mL,接种于克氏瓶或大平皿(含0.25%的营养琼脂)上,37℃培养24h,每平皿内加pH 7.4 PBS 20mL洗下菌苔,3 000r/min离心15min,去上清液;沉淀物再用PBS洗2次,混悬于0.5%甲醛PBS中,使成10%菌液,置37℃3h后,再放入80℃水浴30min,于4℃立即冷却,再用PBS洗涤3次,最后使成2%菌液,4~10℃保存备用(长期保存可加NaN_3 0.05%~0.1%)。

2. 不含SPA的葡萄球菌Z_{12}株菌稳定液制备 同1。

3. 禽伤寒SPA诊断试剂制备 取10%SPA稳定液10mL,离心去上清液,用PBS洗1次,加入56℃灭活30min的抗禽伤寒沙门菌血清1mL,充分混匀,置37℃致敏30min(经常振动)后,离心去上清液,再用PBS洗2次,制成2%悬液即成。

4. 阴性对照菌Z_{12}诊断试剂制备 同3。

五、病毒的血凝试验与血凝抑制试验

【目的要求】掌握具血凝性病毒血凝试验和血凝抑制试验的原理、操作方法及结果判定标准。

【实验原理】 有些病毒具有凝集动物红细胞的能力，但病毒种类不同，凝集红细胞的种类和程度不同，这种凝集红细胞的能力又可被特异性血清所抑制。因此，利用这种现象可以进行病毒血凝试验和病毒血凝抑制试验，借以检查、鉴定病毒和进行抗体水平的测定。当前，病毒血凝试验和病毒血凝抑制试验已成为鉴定某些病毒和诊断某些病毒性疾病的重要方法之一。

【实验材料】 以检查鸡新城疫病毒为例，参考 GB/T 16550—2008。

(1) 标准新城疫病毒抗原（新购入的标准新城疫病毒应检测其血凝效价并进行无菌检验，以检查与所标 HA 效价是否相符。若不符，应重复检测并到相关实验室验证），新城疫标准阳性血清、阴性血清、被检鸡新城疫病毒、被检鸡血清。

(2) pH 7.2 磷酸盐缓冲液（PBS）：

氯化钠（NaCl）	8.0g
氯化钾（KCl）	0.2g
磷酸氢二钠（Na_2HPO_4）	1.44g
磷酸二氢钠（KH_2PO_4）	0.29g
加蒸馏水至	1 000mL

将上述成分依次溶解，用盐酸调 pH 至 7.2，分装，121℃高压灭菌 15min。

(3) 1%鸡红细胞悬液：最好采集 3 只 SPF 公鸡或无禽流感和新城疫抗体的非免疫鸡的抗凝血液，放入离心管中混匀，加入 3～4 倍体积的 PBS 混匀，以 2 000r/min 离心 5～10min，去掉血浆和白细胞层，重复以上过程，反复洗涤 3 次（洗净血浆和白细胞），最后吸取压积红细胞用 PBS 配成体积分数为 1%的悬液，于 4℃保存备用。

(4) 微量移液器、滴头、96 孔 V 形血凝反应板、微型振荡器。

【操作方法】

1. 病毒的血凝试验（HA）

(1) 取 96 孔 V 形微量反应板，用微量移液器在 1～12 孔每孔加 25μL PBS。

(2) 吸取 25μL 被检鸡新城疫病毒悬液加入第 1 孔中，吹打 3～5 次充分混匀。

表 3-6　病毒血凝试验的操作方法

	病毒稀释倍数											对照
	2^1	2^2	2^3	2^4	2^5	2^6	2^7	2^8	2^9	2^{10}	2^{11}	
pH7.2 PBS（μL）	25	25	25	25	25	25	25	25	25	25	25	25
被检新城疫病毒（μL）	25	25	25	25	25	25	25	25	25	25	25 弃去25	
1%鸡红细胞（μL）	25	25	25	25	25	25	25	25	25	25	25	25
作用温度与时间	充分混合后 20～25℃下静置 40 min											

(3) 从第 1 孔中吸取 25μL 混匀后的病毒液加到第 2 孔，混匀后吸取 25μL 加入到第 3 孔，依次进行系列倍比稀释到第 11 孔，最后从第 11 孔吸取 25μL 弃之，设第 12 孔为 PBS 对照。

(4) 每孔加入 25μL 体积分数为 1%的鸡红细胞悬液。

(5) 振荡混匀反应混合液，室温 20～25℃下静置 40min 后观察结果，若环境温度太高，于 4℃静置 60min，PBS 对照孔的红细胞在孔底呈明显的纽扣状沉淀时判定结果（表 3-6）。

2. 病毒的血凝抑制试验（HI）

（1）根据血凝试验结果配制 4 个血凝单位（4HAU）抗原，以能引起 100％血凝的病毒最高稀释倍数代表 1 个血凝单位，4HAU 的配制方法如下：假设抗原的血凝滴度为 1：256，则 4HAU 抗原的稀释倍数应是 1：64（256 除以 4）。稀释时，将 1mL 抗原加入到 63mL PBS 中即为 4HAU 抗原。

（2）取 96 孔 V 形微量反应板，用移液器在第 1～11 孔各加入 25μL PBS，第 12 孔加入 50μL PBS。

（3）在第 1 孔加入 25μL 新城疫标准阳性血清，充分混匀后移出 25μL 至第 2 孔，依次类推，倍比稀释至第 10 孔，第 10 孔弃去 25μL。第 11 孔为抗原阳性对照，第 12 孔为 PBS 阴性对照（表 3-7）。

（4）在第 1～11 孔各加入 25μL 含 4HAU 抗原，轻叩反应板，使反应物混合均匀，室温下（约 20～25℃）静置不少于 30min，若环境温度太高，于 4℃静置不少于 60min。

（5）每孔加入 25μL 体积分数为 1％的红细胞悬液，轻晃混匀后，室温（20～25℃）静置约 40min，若环境温度太高，于 4℃静置 60min。当 PBS 对照孔红细胞在孔底呈明显纽扣状沉淀时判定结果。

表 3-7 病毒血凝抑制试验操作方法

	鸡血清稀释倍数										阳性对照	阴性对照
	2^1	2^2	2^3	2^4	2^5	2^6	2^7	2^8	2^9	2^{10}		
pH7.2 PBS（μL）	25	25	25	25	25	25	25	25	25	25	25	50
阳性血清（μL）	25	25	25	25	25	25	25	25	25	25 弃去25		
4 单位病毒（μL）	25	25	25	25	25	25	25	25	25	25	25	25
作用温度与时间	20～25℃静置不少于 30min，或 4℃不少于 60min											
1％鸡红细胞(μL)	25	25	25	25	25	25	25	25	25	25	25	25
作用温度与时间	20～25℃静置 40min，或 4℃静置 60min											

【结果判定】 病毒血凝试验和血凝抑制试验，均从静置后 10min 开始观察结果，以后每隔 5min 检查一次，直至 1h 为止。

1. 病毒血凝试验结果判定

（1）在 PBS 对照孔出现正确结果的情况下，将反应板倾斜，观察红细胞是否完全凝集。以完全凝集的病毒最大稀释度为该抗原的血凝滴度。完全凝集的病毒的最高稀释倍数为 1 个血凝单位（HAU）。

（2）如果没有血凝活性或血凝效价很低，则采用 SPF 鸡胚用初代分离的尿囊液继续传两代，若仍为阴性，则认为新城疫病毒分离阴性。

（3）对于血凝试验呈阳性的样品应采用新城疫标准阳性血清进一步进行血凝抑制试验。

2. 病毒血凝抑制试验结果判定

（1）在 PBS 对照孔和抗原对照孔都出现正确结果的情况下，将反应板倾斜，从背侧观察，看红细胞是否呈泪珠状流下。滴度是指产生完全不凝集（红细胞完全流下）的最高稀释度。只有当阴性血清与标准抗原对照的 HI 滴度不大于 1∶4，阳性血清与标准抗原对照的 HI 滴度与已知滴度相差 1 个稀释度范围内，并且所用阴、阳性血清都不发生自凝的情况下，HI 试验结果方判定有效。

（2）尿囊液 HA 效价大于等于 1∶16，且标准新城疫阳性血清对其 HI 效价大于等于 1∶16，判为新城疫病毒。

（王印编写，朱瑞良、彭军审稿）

实验四　补体参与的反应

补体（complement，C）是存在于正常人和脊椎动物血清及组织液中的一组具有酶原活性的蛋白质。当它们被某些物质激活后，即可发生连锁的酶促反应，表现出多种生物学活性，如溶菌、溶血、细胞毒、调理吞噬、免疫黏附等作用。利用补体能与抗原-抗体复合物结合而激活的性质及其生物学作用（如溶血及免疫黏附等），可设计检测抗原或抗体的免疫学试验，即所谓补体参与的检测技术，可用于人和动物一些传染病的诊断与流行病学调查。

补体参与的检测技术的原理是：抗体分子（IgG 和 IgM）的 Fc 片段有补体受体，当抗体与抗原结合时，Fc 片段上的补体受体暴露，补体 C1 与之结合而活化，进而引发补体系统其余成分活化的连锁反应，表现系列免疫学效应。因此，可通过补体是否激活来证明抗原与抗体是否相对应，进而对抗原和抗体做出定性和定量判定。

涉及补体的实验方法大致可分为两类：一类是直接测定补体活性和含量，其方法主要有补体溶血反应（hemolytic reaction of complement）和总补体活性测定等；另一类是有补体参与的用已知抗原（或抗体）检测相应抗体（或抗原）的实验，主要有补体结合试验、免疫黏附血凝试验等。在此主要介绍补体溶血反应、总补体活性测定及补体结合试验。

一、补体溶血反应

【目的要求】理解和验证补体被激活后的溶细胞作用；掌握 2% 绵羊红细胞的制备方法；掌握补体溶血反应的操作程序及结果判定方法。

【实验原理】绵羊红细胞作为抗原与其相应抗体（溶血素）结合后，通过经典途径激活补体，被激活的补体最后形成攻膜复合体，导致红细胞溶解，发生溶血反应。

【实验器材】

(1) 抗原：2% 绵羊红细胞（SRBC）。将脱纤维绵羊红细胞用生理盐水或巴比妥缓冲液离心洗涤 3~4 次，末次用 2000r/min 离心 10min，取压积红细胞用巴比妥缓冲液配成 2% 红细胞悬液。

(2) 抗体：抗绵羊红细胞的抗体即溶血素，生物制品厂有商品供应。用时适当稀释。

(3) 补体：豚鼠新鲜血清，生物制品厂有商品供应，或现场采血、分离血清。用时适当稀释。

(4) 生理盐水。

(5) 其他：试管架、试管、吸管、水浴锅等。

【操作方法】

(1) 取小试管 4 支，按表 4-1 加入各成分。

表 4-1 补体溶血反应成分

管号	2%绵羊红细胞（mL）	溶血素（2U）	补体（2U）	生理盐水（mL）
1	0.25	0.25	0.25	0.25
2	0.25	0.25	—	0.5
3	0.25	—	0.25	0.5
4	0.25	—	—	0.75

（2）将上述 4 支试管放入 37℃水浴锅内，15～30min 后观察并记录结果。

【结果观察】

（1）管内液体透明呈粉红色为溶血。

（2）管内液体混浊呈浅红色为不溶血。

（3）根据所学免疫学理论知识分析各管结果出现的原因。

【注意事项】

（1）所用玻璃器皿一定要清洁。

（2）吸管不能混用，加量要准确。

（3）补体、绵羊红细胞、溶血素要新鲜配制。

二、总补体活性测定

【实验目的】理解 CH_{50} 溶血试验的原理及意义；学会 CH_{50} 溶血试验操作程序及结果观察与计算方法。

【实验原理】补体与一定量溶血素和绵羊红细胞混合孵育后，可产生溶血现象，根据溶血程度可测定补体总活性。总补体测定现在多采用 50%补体溶血活力（complement hemolysis 50%）测定，简称 CH_{50} 溶血试验。用 CH_{50} 溶血法要比 CH_{100} 溶血法敏感。这是因为当以溶血百分率为纵坐标，相应血清量为横坐标绘图，结果溶血程度与补体的量呈 S 形曲线，可知在 50%溶血附近（30%～70%）补体的量与溶血程度呈直接关系，因此以 50%溶血作为判定终点较以 100%溶血作为判定终点更为敏感，以较准确测定动物血清中的总补体含量。补体活性效价（含量）通常以"单位"（U）表示，即以引起 50%以上溶血所需的最小补体量为一个 $CH_{50}U$，可计算出被检血清中总的补体溶血活性，单位以 $CH_{50}U/mL$ 表示。

【实验材料】

（1）2%绵羊红细胞悬液。

（2）溶血素（抗绵羊红细胞抗体），测其单位。

（3）1%致敏绵羊红细胞：取一定单位溶血素与 2%绵羊红细胞混合，15min 后即可使用。

（4）50%溶血标准管。

（5）被检血清。

（6）pH 7.4 巴比妥缓冲液：

①储存液：取巴比妥 5.75g，巴比妥钠 3.75g，NaCl 85.00g，$MgCl_2 \cdot 6H_2O$ 1.02g，$CaCl_2$ 0.17g，逐一加入热蒸馏水中，冷却，补加蒸馏水至 2 000mL，过滤，4℃冰箱保存。

②应用液：1份储存液加入4份蒸馏水，当日配制。12h 内使用。
(7) 其他：试管、吸管、水浴锅等。

【操作方法】
(1) 取洁净试管7支排于试管架上，分别编号。
(2) 稀释血清：取被检血清0.2mL和pH7.4巴比妥缓冲液1.8mL加入另一支试管内，混合后即为1∶10稀释。吸出0.5mL放入1号管，余下1.5mL血清与1.5mL缓冲液混合即成1∶20稀释，从其中吸出0.5mL放入2号管。余下的2.5mL再加2.5mL缓冲液混合即成1∶40稀释。最后按表4-2将1∶40血清分别加于3～7号管内。
(3) 按表4-2所示加入各成分，振荡混匀。

表 4-2 血清总补体测定法操作步骤（单位：mL）

稀释血清		1	2	3	4	5	6	7
	1∶10	0.5						
	1∶20		0.5					
	1∶40			0.5	0.4	0.3	0.25	0.2
缓冲液		0.1	0.1	0.1	0.2	0.3	0.35	0.4
1%致敏绵羊红细胞		0.4	0.4	0.4	0.4	0.4	0.4	0.4

(4) 37℃水浴30min。
(5) 1 000r/min 离心 5 min 后与50%溶血标准管比较，判定结果。

【结果观察】 将上述各管离心沉淀，以上清液与50%溶血标准管比较，取溶血程度与标准管相同的被检血清最高稀释管作为总补体含量计数管。计算公式如下：

$$补体含量 = \frac{1}{血清用量} \times 稀释倍数$$

例：血清经1∶40稀释后在第4管（血清用量为0.4mL）出现50%溶血，则被检血清总补体含量为：

$$\frac{1}{0.4} \times 40 = 100 CH_{50} U/mL$$

【注意事项】
(1) 被检血清要求新鲜，稀释血清时必须准确，否则对补体活性有明显影响。
(2) 配制标准溶血管的绵羊红细胞应该与本次试验用的绵羊红细胞为同一批。
(3) 每批溶血素使用时都应滴定效价。
(4) 所用的玻璃器皿一定要清洁，酸、碱均能影响实验结果的准确性。

【附】50%溶血标准管配制

(1) 配制2%血红素溶液：吸取2%绵羊红细胞悬液10mL放入刻度离心管内，2 000r/min 离心10min，去上清液后加蒸馏水至9.5mL处，使之全部溶血，再加0.5mL 17%NaCl缓冲液，使成等渗。

17%NaCl缓冲盐水的配制：取NaCl 17g，Na_2HPO_4 1.13g，KH_2PO_4 0.27 g，

加蒸馏水 100mL，使上述成分溶解即成。

（2）取上述 2% 血红素 0.1mL 和 2% 绵羊红细胞悬液 0.1mL，再加生理盐水 0.8mL 混匀，2 000r/min 离心 5min，其上清液即为 50% 溶血标准管。

三、补体结合试验

【目的要求】 理解和验证补体结合试验（complement fixation test，CFT）的原理；了解补体结合试验中五种材料（抗原、被检血清及标准血清、补体、绵羊红细胞及溶血素）的制备；初步掌握溶血素和补体效价的测定方法以及正式试验的操作要领和判定方法。

【实验原理】 补体结合试验是利用抗原-抗体复合物能结合（固定）并激活补体，而单独的抗原或抗体不能结合补体的特点，以溶血系统为指示剂，用已知抗原（或抗体）来检测未知抗体（抗原）的一种血清学方法。此试验有两个系统，分两阶段进行。

第一系统为被检系统，组成成分为：抗原＋抗体＋补体。如果抗原与抗体相对应，则能特异性结合，并固定补体；否则，补体不被结合，仍游离于溶液中。但补体是否与抗原-抗体复合物结合仅凭肉眼无法判定，补体结合试验需要有一个肉眼可以识别的指示系统。

第二系统为指示系统，组成成分为：绵羊红细胞＋溶血素，作为抗原、抗体是否对应、补体是否与抗原-抗体复合物结合的指示剂。如果第一系统中抗原与抗体特异性结合，固定了补体，则再加绵羊红细胞与溶血素时，由于缺乏补体，不会发生溶血反应，此为 CFT 阳性；若抗原、抗体不对应或二者缺一，则补体不被结合，仍游离于溶液中，而被随后加入的绵羊红细胞与溶血素复合物结合（固定）并激活，导致红细胞溶解（溶血反应），此为 CFT 阴性（图 4-1）。

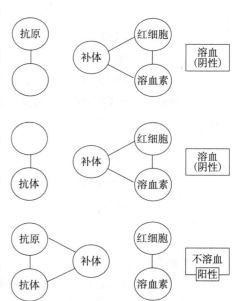

图 4-1 补体结合试验原理

从上述原理中可以看出，参与 CFT 的五个因素中，除被检抗体（或抗原）和固定浓度的绵羊红细胞外，溶血素和补体的量对本试验的结果判定具有决定性作用。溶血素的量如果过少，在阴性结果中，本应全部溶血的现象就不会出现，从而误判成阳性。补体的量过多或过少都会造成误判，如果补体的量过多，无论检测系统的抗原、抗体是否相应都会导致指示系统溶血，从而误判成阴性；如果补体的量过少，无论检测系统的抗原、抗体是否相应，指示系统都不出现溶血，从而误判成阳性。可见，在进行补体结合试验正式试验之前，必须先做预备试验，即对溶血素、补体、抗原（抗体）进行效价滴定，以确定正式试验的工作浓度。

尽管补体结合试验操作比较繁杂，但具有高度特异性和敏感性等优点，仍然是诊断人畜传染病和寄生虫病常用的血清学方法之一，通常是用已知抗原诊断未知血清，如布氏杆菌病、鼻疽、牛肺疫、马传染性贫血、乙型脑炎、钩端螺旋体病、锥虫病、边缘无浆体病、口蹄疫等。

【实验材料】

(1) pH7.4巴比妥缓冲液。

(2) 补体。

(3) 2%绵羊红细胞。

(4) 溶血素。

(5) 抗原：可购买商品。国内生物制品厂生产的有乙型脑炎病毒、布氏杆菌、鼻疽杆菌、马传染性贫血病毒、口蹄疫病毒、锥虫等病原的补反抗原。按说明稀释成使用浓度（工作浓度）。如自制，则需用阳性抗血清滴定其效价。

(6) 被检血清和阳性抗血清（购买或自制）：56℃灭活30min。

(7) 其他：小试管、吸管、微量移液器、V形96孔板等。

【操作方法】

根据反应溶液总量的多少，补体结合试验可分为全量法（3mL）、半量法（1.5 mL）、小量法（0.6 mL）及微量法（0.125mL）几类。下面介绍常用的小量法和微量法。

1. 小量法

(1) 预备试验：

①溶血素滴定：先用缓冲液将溶血素稀释成1∶100，再按表4-3做不同稀释。再按表4-4，依次加各成分于试管中，混匀，置37℃水浴30min。取出试管观察，以出现100%溶血的最高溶血素稀释度为1U。如表4-4结果所示，1∶4 000的溶血素（0.1mL）为1U，正式试验用2U，即1∶2 000的溶血素（0.1mL）。

②补体滴定：按表4-5依次加1∶30补体、缓冲液、2U抗原于试管中，混匀，置37℃水浴30min。然后加入2U溶血素、2%绵羊红细胞悬液，再置37℃水浴30min。取出试管观察，以出现100%溶血的最小补体量为1U。如表4-5所示结果，1∶30的补体0.12mL为1U，2U则为1∶30补体0.24mL。正式试验要求补体0.2mL中含2U，则应变更补体的稀释倍数（X）。其计算方法为：$0.24∶0.2=30∶X$，则 $X=0.24×30=25$。

故将补体原液1∶25的稀释后，每0.2mL即含有2个U。

表4-3 溶血素稀释法

试管	溶血素（稀释度）(mL)	缓冲液（mL）	溶血素稀释度
1	0.5 (1∶100)	1.0	1∶300
2	0.5 (1∶100)	1.5	1∶400
3	0.5 (1∶100)	2.0	1∶500
4	0.5 (1∶300)	0.5	1∶600
5	0.5 (1∶400)	0.5	1∶800
6	0.5 (1∶500)	0.5	1∶1 000
7	0.5 (1∶600)	0.5	1∶1 200
8	0.5 (1∶800)	0.5	1∶1 600
9	0.5 (1∶1 000)	0.5	1∶2 000

(续)

试管	溶血素（稀释度）(mL)	缓冲液（mL）	溶血素稀释度
10	0.5 (1：1 200)	0.5	1：2 400
11	0.5 (1：1 600)	0.5	1：3 200
12	0.5 (1：2 000)	0.5	1：4 000
13	0.5 (1：2 400)	0.5	1：4 800
14	0.5 (1：3 200)	0.5	1：6 400
15	0.5 (1：4 000)	0.5	1：8 000

表 4-4 溶血素滴定

试管	溶血素（稀释度）(mL)	1：30 补体 (mL)	缓冲液（mL）	2%绵羊红细胞悬液（mL）		假定结果
1	0.1 (1：300)	0.2	0.2	0.1	置37℃水浴30 min	++++
2	0.1 (1：400)	0.2	0.2	0.1		++++
3	0.1 (1：600)	0.2	0.2	0.1		++++
4	0.1 (1：800)	0.2	0.2	0.1		++++
5	0.1 (1：1 000)	0.2	0.2	0.1		++++
6	0.1 (1：1 200)	0.2	0.2	0.1		++++
7	0.1 (1：2 000)	0.2	0.2	0.1		++++
8	0.1 (1：2 400)	0.2	0.2	0.1		++++
9	0.1 (1：3 200)	0.2	0.2	0.1		++++
10	0.1 (1：4 000)	0.2	0.2	0.1		++++
11	0.1 (1：4 800)	0.2	0.2	0.1		+++
12	0.1 (1：6 400)	0.2	0.2	0.1		++
13	0.1 (1：8 000)	0.2	0.2	0.1		+
14	0.1 (1：300)	0	0.4	0.1		—
15	0	0.2	0.3	0.1		—
16	0	0	0.5	0.1		—

注：++++为100%溶血；+++为75%溶血；++为50%溶血；+为25%溶血；—为100%不溶血。

表 4-5 补体滴定

试管	1：30 补体 (mL)	缓冲液 (mL)	2U 抗原 (mL)		2U 溶血素 (mL)	2%绵羊红细胞悬液（mL）		假定结果
1	0.03	0.27	0.1	置37℃水浴30 min	0.1	0.1	置37℃水浴30 min	—
2	0.04	0.26	0.1		0.1	0.1		—
3	0.05	0.25	0.1		0.1	0.1		+
4	0.06	0.24	0.1		0.1	0.1		++
5	0.08	0.22	0.1		0.1	0.1		+++
6	0.10	0.20	0.1		0.1	0.1		+++
7	0.12	0.18	0.1		0.1	0.1		++++
8	0.14	0.16	0.1		0.1	0.1		++++
9	0.16	0.14	0.1		0.1	0.1		++++

注：++++为100%溶血；+++为75%溶血；++为25%溶血；+为25%溶血；—为100%不溶血

上述补体滴定，是以100%溶血为判定终点，所测补体单位为100%溶血单位（$CH_{100}U$）。也可以更敏感的50%溶血为判定终点，所测补体单位为50%溶血单位（$CH_{50}U$），正式试验用4~5个$CH_{50}U$。其滴定方法参照CH_{50}溶血试验，只是在反应中增加了抗原成分。

（2）正式试验：

①将被检血清用缓冲液做倍比稀释，使其为1∶2、1∶4……1∶256。

②按表4-6顺序加被检血清、抗原、补体、缓冲液于试管中，混匀，置37℃水浴60min或4℃冰箱16~18h。

③上述各管中加入2%绵羊红细胞悬液0.1mL及2U溶血素0.1mL，混匀，置37℃水浴30min。

每次测定需同时设被检血清对照、抗原对照、溶血素对照、绵羊红细胞悬液对照及不同单位补体对照。

④首先观察对照管，血清对照管、抗原对照及溶血素对照管必须100%溶血；绵羊红细胞悬液对照管100%不溶血；补体对照管中，1U以上的100%溶血。否则，试验失败。然后观察各测定管，以出现50%溶血的最高血清稀释度为血清中抗体的效价。

表4-6 补体结合试验操作步骤

试管	被检血清（mL）	2U抗原（mL）	2U补体（mL）	缓冲液（mL）		2%绵羊红细胞悬液（mL）	2U溶血素（mL）	
1	0.1（1∶2）	0.1	0.2	0	置37℃水浴60min或4℃冰箱16~18h	0.1	0.1	置37℃水浴30min
2	0.1（1∶4）	0.1	0.2	0		0.1	0.1	
3	0.1（1∶8）	0.1	0.2	0		0.1	0.1	
4	0.1（1∶16）	0.1	0.2	0		0.1	0.1	
5	0.1（1∶32）	0.1	0.2	0		0.1	0.1	
6	0.1（1∶64）	0.1	0.2	0		0.1	0.1	
7	0.1（1∶128）	0.1	0.2	0		0.1	0.1	
8	0.1（1∶256）	0.1	0.2	0		0.1	0.1	
9	0.1（1∶2）	0	0.2	0.1		0.1	0.1	
10	0	0.1	0.2	0.1		0.1	0.1	
11	0	0	0.2	0.2		0.1	0.1	
12	0	0	0	0.4		0.1	0.1	
13	0	0.1	0.05	0.25		0.1	0.1	
14	0	0.1	0.10	0.2		0.1	0.1	
15	0	0.1	0.15	0.15		0.1	0.1	
16	0	0.1	0.2	0.1		0.1	0.1	

2. 微量法

（1）预备试验：补体和溶血素的滴定常采用方阵法滴定，求得参与补体结合试验时最合适的补体和溶血素稀释度。

①取一定量豚鼠血清，加入pH7.4巴比妥缓冲液，先稀释成1∶10，然后继续稀释成1∶20、1∶30、1∶40、1∶50、1∶60、1∶80。

②先配制1∶100的溶血素，然后继续稀释为1∶1 000、1∶2 000、1∶3 000、1∶4 000、1∶6 000、1∶8 000、1∶10 000、1∶20 000。

③在反应板上用微量滴管纵行滴加1滴（25μL）不同浓度的补体（见表4-7），再沿横排每孔滴加不同浓度的溶血素1滴（滴加补体和溶血素时应从高稀释度到低稀释度），然后置微型振荡器上混匀2～3min，再在每孔加稀释抗原1滴，缓冲液1滴，补体和溶血素对照管各加缓冲液3滴，最后于各孔内加入2%绵羊红细胞悬液1滴（每孔总量为0.125mL）。置微型振荡器上振荡2～3min，再放37℃温箱内30～45min，观察结果。

④结果：读取完全溶血的补体和溶血素最高稀释度一孔，作为各自的单位。如表4-7，溶血素稀释度1∶6 000为1U，补体1∶60为1U。在实际应用时，溶血素采用2U，即将溶血素用缓冲液作1∶3 000稀释；补体2U，即按1∶30稀释。

表4-7 补体和溶血素的方阵滴定

溶血素稀释倍数	补体稀释倍数						溶血素
	1∶20	1∶30	1∶40	1∶50	1∶60	1∶80	
1∶1 000	++++	++++	++++	++++	++++	+++	—
1∶2 000	++++	++++	++++	++++	++++	+++	—
1∶3 000	++++	++++	++++	++++	++++	+++	—
1∶4 000	++++	++++	++++	++++	++++	+++	—
1∶6 000	++++	++++	++++	++++	++++	++	—
1∶8 000	+++	+++	+++	++	++	+	—
1∶10 000	++	++	++	+	—	—	—
1∶12 000	+	—	—	—	—	—	—
补体对照	—	—	—	—	—	—	—

注：++++为100%溶血；+++为75%溶血；++为50%溶血；+为25%溶血；—为0%溶血。

（2）正式试验：

①将被检血清用缓冲液做1∶4、1∶8……1∶512系列倍比稀释。

②稀释血清分别加入96孔微量板中，25μL/孔，再加入2U抗原25μL及补体25μL，振荡器上混匀，置4℃冰箱16～18h，或37℃孵育60min。

③各孔加入2%绵羊红细胞悬液25μL及2U溶血素25μL，振荡混匀，置37℃孵育30min。

④取出微量板观察，同"小量法"判定方法判定被检血清效价。

【注意事项】

（1）所用试管、微量板、吸管等器材必须清洁无脂，各种试剂无菌，以防止抗补体现象。

（2）由于试验中各成分量之间必须有适当比例，才能避免结果的假阳性或假阴性，因此，除绵羊红细胞悬液浓度固定为1%～2%外，其他成分（如溶血素、补体）均需事先滴定其单位，才能配制成特定的浓度，以保证结果的可靠性。

(3) 补体滴定时，反应中加入抗原（或抗体）是为了消除其抗补体作用和助溶作用，以便进行抗原色补正。

(4) CFT 全量法结果最准确，但费材料，操作费时。微量法节省材料，操作简便，特别适用于大批样品的检测。

（石德时编写，朱瑞良、彭军审稿）

实验五 中和试验

中和试验（neutralization test）是免疫学和病毒学中常用的一种研究抗原抗体反应的实验方法，用以测定抗体中和病毒的感染性或细菌毒素的生物学效应。凡能与病毒结合，使其失去感染力的抗体称为中和抗体（neutralizing antibody）；能与细菌外毒素结合，中和其毒性作用的抗体称为抗毒素（antitoxin）。中和试验可以在敏感动物体内（包括鸡胚）、体外组织（细胞）培养或试管内进行，以观察特异性抗体能否保护易感的试验动物免受死亡，能否抑制病毒的细胞病变效应或中和毒素对细胞的毒性作用，测定抗体的其他生物学效应。根据抗体中和对象的不同，中和试验可分为病毒中和试验和细菌毒素中和试验。

一、病毒中和试验

【目的要求】掌握病毒的鉴定方法以及血清中和抗体滴度的测定。

【实验原理】动物受到病毒感染后，体内产生特异性中和抗体，并与相应的病毒粒子呈现特异性结合，因而阻止病毒对敏感细胞的吸附或抑制其侵入，使病毒失去感染能力。中和试验是以测定病毒的感染力为基础，以比较病毒受免疫血清中和后的残存感染力为依据，来判定免疫血清中和病毒的能力，借此来衡量血清中抗病毒感染的抗体（中和抗体）的滴度，或鉴定病毒与抗体之间的关系。

【实验材料】敏感的动物、禽胚、细胞单层等，已知的抗体和待鉴定的病毒，或已知的病毒和被检定的抗体。

【操作方法】中和试验有两种常用方法：一种是固定量的病毒与等量（v/v）系列倍比稀释的血清混合，另一种是固定量的血清与等量（v/v）系列对数稀释（即10倍递次稀释）的病毒混合；然后把血清-病毒混合物置适当的条件下感作一定时间后，接种于病毒敏感的宿主如细胞、鸡胚或动物，测定血清抗体阻止病毒感染宿主的能力及其效价。如果接种了血清-病毒混合物的宿主与对照（指仅接种同等数量病毒的宿主）一样地出现病变或死亡，说明血清中没有相应的中和抗体；相反，如果宿主保持正常则说明血清中存在有相应的中和抗体。试验既可用于定性，也可用于定量。

（一）固定血清-稀释病毒法

将已知的阳性血清量（稀释度）固定，被检病毒做倍比稀释，然后等量混合，常用于未知病毒的鉴定。

1. 病毒毒价的测定 衡量病毒毒价（毒力）的单位过去多用最小致死量（MLD），但由于剂量的递增与死亡率递增不呈线性关系，在越接近100%死亡时，对剂量的递增越不敏感。而一般在死亡率越接近50%时，对剂量的变化越敏感，故现多改用半数致死量（LD_{50}）作为毒价测定单位，即经规定的途径，以不同的剂量接种试验动物，在一定时间内能致一半数量的试验动物死亡的剂量；用鸡胚测定时，毒价单位为鸡胚半数致死量（ELD_{50}）或鸡胚半数感染量（EID_{50}）；用细胞培养测定时，用组织细胞半数感染量（$TCID_{50}$）；在测定疫苗的免疫性能时，则用半数免疫量（IMD_{50}）或半数保护量（PD_{50}）。

（1）鸡胚半数感染量（EID_{50}）的测定（以新城疫病毒为例）：将新鲜病毒悬液按10倍稀释法稀释成10^{-1}、10^{-2}、10^{-3}……10^{-9}等不同的稀释度，选择其中的4~6个稀释度的样品分别接种9~10日龄鸡胚尿囊腔，鸡胚必须来自健康母鸡，并且没有新城疫抗体。每枚鸡胚接种0.2mL，每个稀释度接种6枚鸡胚作为一组，以石蜡封口，置37℃恒温箱培养，每天照蛋，24h之内死亡的鸡胚弃掉，24h之后死亡的鸡胚置4℃保存。连续培养5d，取尿囊液做血凝（HA）试验，出现血凝者判为阳性，否则判为阴性，记录结果（表5-1）。然后可按Reed-Uench法、Karber法等计算EID_{50}，其中以Karber法最为简便。

表 5-1 不同稀释度样品接种鸡胚的感染情况

病毒稀释度	鸡胚感染情况		
	阳性数	阴性数	阳性率（%）
10^{-5}	6	0	100
10^{-6}	5	1	83
10^{-7}	2	4	33
10^{-8}	0	6	0

按Karber法的计算公式为$\lg EID_{50} = L+d(S-0.5)$。其中，$L$为病毒最低稀释度的对数，$d$为组距（即稀释系数，在此为$-1$），$S$为各稀释度死亡比值之和（在此为$6/6+5/6+2/6+0/6=2.17$）。本次试验新城疫病毒的$\lg EID_{50}=-5+(-1)(2.17-0.5)=-6.67$，那么其$EID_{50}=10^{-6.67}$。表明该新城疫病毒样品经稀释至$10^{-6.67}$时，每枚鸡胚接种0.2mL，可使50%的鸡胚感染。通常病毒的毒价是以每毫升含多少EID_{50}来表示，因此该新城疫病毒样品的毒价为$5\times10^{-6.67}$个EID_{50}/mL。

（2）$TCID_{50}$的测定（以致细胞病变的病毒为例）：取新鲜病毒悬液，用PBS按10倍递次稀释成不同稀释度，每个稀释度分别接种经Hank's液洗3次的组织细胞瓶/皿，每瓶/皿细胞接种0.2mL，每个稀释度接种4个细胞瓶/皿，接种病毒后的细胞瓶/皿放在细胞盘内，细胞层一侧在下，使病毒与细胞充分接触，放置37℃吸附1h，然后加入维持液，置37℃培养，逐日观察并记录细胞病变瓶/皿数，按Karber法计算该病毒样品的$TCID_{50}$。

（3）LD_{50}的测定（以流行性乙型脑炎病毒为例）：将接种病毒并已发病濒死的小鼠，无菌取出其脑组织，称重后加稀释液充分研磨，配制成10^{-1}悬液，3 000r/min离心20 min，取上清液，按10倍递次稀释成10^{-1}、10^{-2}、10^{-3}……10^{-9}，每个稀释度分别接种5只小鼠，每只脑内注射0.03mL，逐日观察记录各组的死亡数，按Karber法计算该病毒样品的LD_{50}。

2. 中和试验

（1）病毒稀释度的选择：选择病毒稀释度范围，要根据毒价测定的结果而定，如病毒的毒价为10^{-6}，则试验组选用10^{-2}~10^{-8}，对照组选用10^{-4}~10^{-8}，其原则是最高稀释度要求动物全存活（或无细胞病变），最低稀释度动物全死亡（或均出现细胞病变）。

(2) 血清处理：用于试验的所有血清在使用前必须作 56℃ 加温 30min 灭活。但来自不同动物的血清，灭活的温度和时间也是不同的。

(3) 病毒的稀释：按选定的病毒稀释度范围，将病毒液做 10 倍递次稀释，使之成为所需要的稀释度。

(4) 感作：将不同稀释度病毒分别定量加入两排无菌试管内，第一排每管加入与病毒等量的免疫（或被检）血清作为试验组；第二排每管加入与免疫（或被检）血清同种的正常阴性血清作为对照组；充分摇匀后 37℃ 下感作 1h。

(5) 接种：按"病毒毒价测定"中所述接种方法接种试验动物（或鸡胚、组织细胞）。观察持续的时间，根据病毒和接种途径而定。

(6) 中和指数计算：按 Karber 法（或 Reed-Uench 法）分别计算试验组和对照组的 LD_{50}（或 EID_{50}、$TCID_{50}$）。

（二）固定病毒-稀释血清法

将已知的病毒量固定，血清做倍比稀释，常用于血清中抗已知病毒的中和抗体效价的测定。现以在细胞培养板上进行的微量法为例介绍实验方法。

1. 病毒毒价的测定　方法同上。

2. 中和试验

(1) 血清的处理：动物血清中，含有多种蛋白质成分对抗体中和病毒有辅助作用，如补体、免疫球蛋白和抗补体抗体等。为排除这些不耐热的非特异性反应因素，用于中和试验的血清必须预先经过加热灭活处理。各种不同来源的血清，需采用不同温度处理，猪、牛、猴、猫及小鼠血清为 60℃，水牛、犬及地鼠血清为 62℃，马、兔血清为 65℃，人和豚鼠血清为 56℃，禽血清为 65℃；加热时间为 20~30min。60℃ 以上加热时，为防止蛋白质凝固，应先以生理盐水做适当稀释（如 1:5、1:10）。

(2) 稀释血清：取已灭活处理的血清，用稀释液做一系列倍比稀释，使其稀释度分别为原血清的 1:2、1:4、1:8、1:16、1:32、1:64，每孔含量为 50μL，每个稀释度做 4 孔。

(3) 病毒：取 −70℃ 冰箱保存的病毒悬液，按经测定的毒价做 200 个 $TCID_{50}$ 稀释（与等量血清混合后，其毒价为 100 个 $TCID_{50}/50\mu L$）。

(4) 感作：每孔加入 50μL 病毒液，封好盖，置于 37℃ 温箱中和 1h。值得注意的是病毒与血清混合，0℃ 下不发生中和反应，4℃ 以上中和反应即可发生。常规采用 37℃ 作用 1h，一般病毒都可发生充分的中和反应。但对易于灭活的病毒可置 4℃ 冰箱感作，不同耐热性的病毒其感作温度和时间应有所不同。

(5) 接种：方法同上。

(6) 设立对照：为保证试验结果的准确性，每次试验都必须设置下列对照，特别是在初次进行该种病毒的中和试验时，尤为重要。

①阳性和阴性血清对照：阳性和阴性血清与被检血清进行平行试验，阳性血清对照应不出现细胞病变，而阴性血清对照应出现细胞病变。

②病毒阳性对照：每次试验均应设立病毒阳性对照。先将病毒稀释成 0.1、1、10、100 个 $TCID_{50}$，每个稀释度接种 4 孔，每孔加 50μL。0.1 个 $TCID_{50}$ 组应不引起感染，而且 100 个 $TCID_{50}$ 组则必须引起感染，否则该试验不能成立。

③血清毒性对照：为检查被检血清本身对宿主有无任何毒性作用，设立被检血清毒性对照是必要的。即在细胞中加入低倍稀释的被检血清（相当于中和试验中被检血清的最低稀释度）。

④正常细胞对照：即不接种病毒和被检血清的细胞悬液孔。正常细胞对照应在整个中和试验中一直保持良好的形态和生活特征，为避免培养板本身引起试验误差，应在每块板上都设立这一对照。

（7）结果判定和计算：当病毒阳性对照，血清阳性、阴性对照，正常细胞对照，血清毒性对照全部成立时，才能进行判定，被检血清孔出现 100% CPE 判为阴性，50%以上细胞出现保护者为阳性；固定病毒稀释血清中和试验的结果计算，是计算出能保护 50%细胞孔不产生细胞病变的血清稀释度，该稀释度即为该份血清的中和抗体效价。

用 Karber 法或 Reed-Uench 法（按如下公式）计算抗血清的半数保护量（PD_{50}）：

距离比例数＝（大于 50%保护百分数－50%）/（大于 50%保护百分数－小于 50%保护百分数）

PD_{50}＝大于 50%保护的抗血清稀释度之对数 ＋ 距离比例数 × 稀释系数的对数

（8）影响病毒中和试验的因素：①病毒毒价测定的准确性是中和试验成败的关键，毒价过高易出现假阴性，过低则会出现假阳性。在微量血清中和试验中，一般使用 100～500 个 $TCID_{50}$。②用于试验的阳性血清，必须是用标准病毒接种易感动物制备的。③培养板孔中细胞量的多少与试验有密切关系，细胞量过大或过小易造成判断上的错误，一般以在 24h 内形成单层为宜。④毒价测定的判定时间应与正式试验的判定时间相符。

【病毒中和试验的用途】

（1）病毒株的种型鉴定：中和试验具有较高的特异性，利用同一病毒的不同型的毒株或不同型标准血清，即可测知相应血清或病毒的型。所以，中和试验不仅可以定种属而且可以定型。

（2）测定血清抗体效价：根据中和试验反应的终点滴度来确定抗体的效价。中和抗体出现于病毒感染的较早期，在体内的维持时间较长。动物体内中和抗体水平的高低，可显示动物抵抗病毒的能力。

（3）分析病毒的抗原性。

二、细菌毒素中和试验

一些细菌在其生长过程中可产生对宿主有毒性、分泌于细胞外的一些可溶性蛋白质称为外毒素，能中和其毒性作用的抗体则称为抗毒素。

【目的要求】掌握细菌外毒素的鉴定方法以及血清抗毒素滴度的测定。

【实验原理】外毒素蛋白有很好的免疫原性，可刺激机体产生特异性的抗体（抗毒素）。抗毒素通过与外毒素的特异性结合，阻断外毒素与宿主体内效应细胞胞膜受体的结合，从而中和了外毒素对宿主细胞的毒性作用。应用毒素的中和试验在敏感的动物体内进行，观察特异性抗体能否保护易感的试验动物死亡，可以对外毒素进行检测和鉴定。图 5-1 显示了毒素的中和试验的原理。

【实验材料】敏感动物，已知的抗毒素和待鉴定的外毒素，或已知的外毒素（包括其型）

和被检定的抗毒素。

【操作方法】以肉毒毒素的鉴定为例。

1. 毒素毒价的测定 毒素的毒价用最小致死量（MLD）来表示。对试验小鼠 MLD 的测定方法如下：取被检毒素样品液用明胶缓冲液做一系列倍比稀释，使其稀释度分别为原血清的 1：2、1：4、1：8、1：16……1：512 等不同的稀释度；然后选择其中的 4~6 个稀释度的样品分别腹腔注射健康的小鼠各 2 只，每只 0.5mL，逐日观察记录各组的死亡数直至 4d。获得致使 2 只小鼠全部死亡的最小稀释度即为该毒素的 MLD。

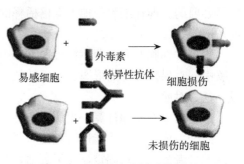

图 5-1 毒素的中和试验的原理

2. 中和试验

（1）分组及处理：分 3 个组进行，每组分别取含 2 个 MLD 的被检毒素样品稀释液 0.5mL 进行如下处理：

①毒素中和组：取被检毒素样品液，分别与等量的各种不同型别（A~F）的抗毒素混合均匀，置 37℃作用 30min。

②毒素灭活对照组：取被检毒素样品液与等量的 PBS 混合均匀，煮沸 10min。

③毒素阳性对照组：取被检毒素样品液与等量的 PBS 混合均匀，置 37℃作用 30min。

（2）接种：3 组混合液分别腹腔注射小鼠各 2 只，每只 0.5mL（各含毒素 1 个 MLD），观察 4d。

（3）结果判定：若用哪一个型别的抗毒素所作的毒素中和组及毒素灭活对照组的小鼠均存活，而毒素阳性对照组的小鼠以特有症状死亡，则可判定该毒素是与此抗毒素为同一个型。

血清抗毒素滴度的测定，可参考前面"血清中和试验"的方法进行。

（韦平编写，常维山、李建亮审稿）

实验六　免疫标记抗体检测技术

一、免疫荧光标记抗体检测技术

【目的要求】了解和掌握直接免疫荧光和间接免疫荧光染色的原理和方法，并应用于疾病诊断或抗原、抗体的分析。

【实验原理】用化学或物理方法将荧光素标记到抗体或抗原分子上，这种标记荧光素的抗体或抗原分子仍能与相应的抗原或抗体发生特异性结合，在荧光显微镜下可以看到显示荧光素颜色的物质，从而进行疾病诊断或抗原、抗体的分析。

（一）间接荧光抗体技术（以检测马立克病病毒为例）

【实验材料】感染鸡马立克病病毒（MDV）的细胞培养物，抗 MDV 特异性单克隆抗体 BA4；丙酮-乙醇（6∶4，V/V）固定液，盖玻片，FITC 标记的抗小鼠 IgG 荧光抗体，0.01mol/L PBS（pH7.2），蒸馏水，载玻片（洁净无油），1 000mL 烧杯，200μL 移液器，吸水纸，镊子等。

【操作方法】

1. 细胞片的制备与固定　将按常规操作制备鸡胚成纤维细胞，置于含有无菌盖玻片的细胞培养皿中培养，待细胞生长成单层后，接种 CVI988/Rispens 疫苗株，培养 72～96h 后，收取盖玻片，用 PBS 洗涤 1 次，再以 −20℃预冷的丙酮-乙醇（6∶4，V/V）固定液固定 5 min，空气中自然干燥，−20℃保存备用。如用 96 孔或 24 孔细胞培养板培养的细胞，可弃去培养液，用 PBS 洗涤 1 次，然后固定，固定方法同上。不接种病毒的盖玻片或细胞孔作为阴性对照。

2. 抗体染色

（1）将上述固定盖玻片或细胞板孔，用 PBS 洗涤 1 次后，置架上；未接种 MDV 的盖玻片或细胞孔，同上用 PBS 洗涤 1 次后，置架上，作为阴性对照。盖玻片上滴加 10～20μL 工作浓度的单克隆抗体；96 孔细胞培养板每孔加入 50μL 工作浓度的单克隆抗体。37℃水浴孵育 30～45min。

（2）盖玻片用 0.01mol/L PBS（pH7.4）洗涤 5～10min。如用 96 孔细胞培养板检测，则每孔加入 PBS 200μL，洗涤 3～4 次，每次 2min。

（3）取出盖玻片置架上，滴加工作浓度的荧光抗体（FITC 标记的抗小鼠 IgG 的抗体）；37℃孵育 30～45min；同上洗涤。

（4）取出盖玻片，用 10μL 50％甘油 PBS 封存于干净载玻片上；96 孔细胞培养板每孔加入 50μL 的 50%甘油 PBS；在荧光显微镜下观察。

【结果判定】

(1) 阳性结果：可见绿色荧光物质，荧光呈现出 MDV 特有的病毒斑（图 6-1）；

(2) 阴性结果：无可见的荧光物质出现（图 6-2）。

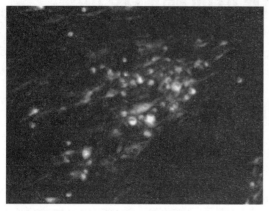
图 6-1　CVI988 病毒的免疫荧光斑

图 6-2　阴性对照

（二）直接荧光抗体技术（以检测 987p 产肠毒素大肠杆菌为例）

【实验材料】987p 阳性大肠杆菌培养物，用 FITC 标记的抗 987p 特异性单克隆抗体，丙酮固定液，盖玻片，0.01mol/L PBS（pH7.2），蒸馏水，载玻片（洁净无油），1 000mL 烧杯，磁棒，磁力搅拌器，200μL 移液器，吸水纸，镊子等。

【操作方法】

1. 细菌涂片的制备　将 10μL 987p 阳性大肠杆菌悬液（$1×10^8$ 个/mL）涂抹于 7mm×21mm 玻片上，自然干燥；用－20℃预冷的丙酮固定 5min，自然干燥后，于－20℃保存备用。

2. 抗体染色

(1) 将固定的 987p 阳性大肠杆菌玻片，用 PBS 洗涤 1 次后，置架上；固定的 987p 阴性大肠杆菌玻片，同上用 PBS 洗涤 1 次后，置架上，作为阴性对照。玻片上滴加 10~20μL 工作浓度的 FITC 标记的抗 987p 特异性单克隆；37℃水浴孵育 30~45min。

(2) 玻片用 pH7.4 的 0.01mol/L PBS 液洗涤 5~10min；取玻片，用延缓荧光猝灭的封载剂或 90%甘油 PBS 封存于干净载玻片上；在荧光显微镜下观察。

【结果判定】

(1) 阳性结果：呈现特异性亮绿色荧光。

(2) 阴性结果：无可见的特异性荧光出现。

【附】

1. 染色方法

(1) 双重染色：标本中有两种不同抗原，可用 FITC 和 RB200 分别标记两种抗体，同时或先后把两种荧光抗体进行染色。

(2) 反衬染色：对于组织标本，为了加强特异性荧光的鲜明性，常需使用反衬染色。最常用的衬染剂为伊文氏蓝（1∶10 000～1∶100 000），它发射红色荧光，可反衬出 FITC 的亮绿色荧光。

2. 主要试剂的配制

（1）0.1mol/L 磷酸缓冲液（pH 7.4）储存液：称取 $Na_2HPO_4·12H_2O$ 28.94g，KH_2PO_4 2.61g，加蒸馏水至 1 000mL。应用时取上述储存液 100mL，加入 NaCl 8.5g，加蒸馏水至 1 000mL，即为 0.01mol/L PBS（pH7.4）。

（2）缓冲甘油：90% 甘油 PBS：甘油（A.R.）9 份 + PBS 1 份；50% 甘油 PBS：甘油（A.R.）5 份 + PBS 5 份。

3. 荧光抗体的制备

（1）试剂：pH9.3 碳酸盐缓冲液：称取无水 Na_2CO_3 8.6g，$NaHCO_3$ 17.3g，加双蒸水至 1 000mL；PBS（pH7.4，0.01mol/L）；二甲基亚砜（DMSO）

（2）标定程序：以碳酸盐缓冲液调整蛋白浓度至 10mg/mL（腹水单抗可直接用碳酸盐缓冲液稀释；提纯的抗体 IgG 需经 Sephadex G_{25} 柱层析或透析方法转换缓冲体系至碳酸盐缓冲液）；取 5mL 抗体溶液于 10mL 小烧杯内，磁棒轻搅；称取 1mg FITC 溶解于 0.2mL DMSO 中，待 FITC 溶解后立即缓慢滴加于抗体液内；20℃闭光标记 2h，搅拌；将交联反应后的溶液经 Sephadex G_{25} 柱层析除去游离的荧光素；收集第一峰为标记的抗体。

（3）FITC 结合物质量鉴定：

①测定 F/P 比值：

$$IgG 含量（mg/mL）= \frac{OD_{100} - 0.35 \times OD_{495}}{1.4}$$

$$F/P = \frac{2.87 \times OD_{495}}{OD_{280} - 0.35 \times OD_{495}}$$

抗 IgG 荧光抗体 F/P 比值高于 2，但一般不超过 10。

②特异性及效价测定：以标记抗体染色相应抗原的玻片，测定其特异染色的抗体滴度；用其他抗原进行特异性鉴定，如发现非特异染色，则该标记抗体不能使用。

（4）标记抗体的保存：宜保存于 4℃；或加 50% 甘油（A.R.），−20℃冻存。

二、免疫酶标记抗体检测技术

【**目的要求**】了解和掌握间接酶联免疫吸附试验（ELISA）的原理和方法，并能应用于疾病诊断和抗原、抗体分析。

【**实验原理**】用化学方法将辣根过氧化物酶或碱性磷酸酶标记到抗体或抗原上，这种标记了酶的抗体或抗原仍然能与相应抗原或抗体发生特异性结合。通过酶与底物作用呈现颜色的深度，进行定量或定性分析。由于酶的催化效率很高，间接地放大了免疫反应的结果，从而敏感度提高。

（一）间接 ELISA（以鸡新城疫病毒的检测为例）

【**实验材料**】可溶性抗原，如鸡新城疫病毒 La Sota 疫苗毒；96 孔酶标板，抗原包被液，底物溶液，酶标抗体，抗 NDV 鸡血清，封闭液，0.01mol/L PBST（含 0.01%Tween-20），酶标仪等。

【操作方法】

(1) 将 NDV 可溶性抗原用包被液稀释至 1～20μg/mL；以 50～100μL/孔，将抗原加入酶标板孔中；置 4℃过夜或 37℃吸附 120min。

(2) 弃去孔中的包被液，用 PBST 洗涤 3 次；每孔加入 200μL 封闭液，4℃过夜封闭或 37℃封闭 120min。

(3) 弃去孔中的封闭液，用 PBST 洗涤 3 次，每次 1min（包被板可存放于-20℃或 4℃保存备用）；每孔加 50～100μL 1∶300 稀释的抗 NDV 鸡血清（用 PBST 稀释），同时设 SPF 阴性鸡血清对照；37℃孵育 45～90min。

(4) 弃去孔中的血清，用 PBST 洗涤 3～5 次，每次 5min；每孔加 50～100μL 工作浓度的抗鸡 IgG 的酶标抗体；最后 1 孔不加酶标抗体，该孔将用于测定时调零；37℃孵育 45～90min。

(5) 弃去孔中的酶标抗体，用 PBST 洗涤 5 次，每次 3min；每孔加 OPD 或 TMBS 底物溶液 100μL；37℃避光作用 15～20min；以 50μL 2mol/L H_2SO_4 终止反应，在酶标仪上读取 OD 值。

【结果判定】

P/N≥2.1，P≥N+3SD，判为阳性，否则为阴性。P 为样品孔 OD 值，N 为对照孔 OD 值，SD 为标准差。

(二) 夹心 ELISA（以禽白血病病毒检测为例）

【实验材料】纯化的抗禽白血病 p27 特异性单克隆抗体，抗原包被液，底物溶液，酶标抗禽白血病 p27 特异性单克隆抗体，禽白血病病毒细胞培养物；封闭液，0.01mol/L PBST（含 0.01%Tween-20），酶标板，酶标仪等。

【操作步骤】

(1) 纯化的抗禽白血病 p27 特异性单克隆抗体，用包被液稀释到 25～100μg/mL；以 100μL/孔，加入酶标板中；置 4℃过夜吸附或 37℃吸附 120min。

(2) 弃去孔中的包被液，用 PBST 洗涤 3 次；加入封闭液，200μL/孔，4℃过夜或 37℃孵育 120min。

(3) 弃去孔中的封闭液，用 PBST 洗涤 3 次，每次 1min（可于-20℃保存备用）；每孔加 100μL 被检禽白血病病毒细胞培养物，并设立正常细胞培养物做阴性对照；37℃孵育 45～90min。

(4) 弃去孔中的抗原，用 PBST 洗涤 3～5 次，每次 3min；每孔加 50～100μL 酶标抗禽白血病病毒 p27 特异性单克隆抗体（与包被抗体不同表位）；37℃孵育 45～90min。

(5) 弃去孔中的酶标抗体，用 PBST 洗涤 5 次，每次 5min；每孔加 OPD 或 TMBS 底物溶液 100μL；37℃避光作用 15～20min。

(6) 以 50μL 2mol/L H_2SO_4 终止反应，在酶标仪上读取 OD 值。

【结果判定】

P/N≥2.1，P≥N+3SD，判为阳性，否则为阴性。

（三）竞争 ELISA 试验（以检测克伦特罗为例）

【实验材料】 可溶性抗原，如白蛋白偶联的克伦特罗，抗原包被液，底物溶液，酶标记的抗克伦特罗单抗，封闭液，0.01mol/L PBST（含0.01%Tween-20）；酶标板，酶标仪等。

【操作方法】

（1）将白蛋白偶联的克伦特罗，以抗原包被液稀释至 $1\mu g/mL$；以 $50\sim 100\mu L$/孔，加入酶标板；4℃过夜吸附。

（2）弃去孔中的包被液，用 PBST 洗涤 3~5 次，每次 3 min；加入封闭液，$200\mu L$/孔，37℃封闭 120min 或 4℃过夜。

（3）弃去孔中的封闭液，用 PBST 洗涤 3 次，每次 3 min；每孔加 $100\mu L$ 被检样品，再加入 $100\mu L$ 酶标记的抗克伦特罗单抗，设立克伦特罗溶液阳性和无克伦特罗阴性对照；37℃孵育 45min。

（4）弃去孔中的检测抗原，用 PBST 洗涤 5 次，每次 3min；每孔加 $100\mu L$ OPD 或 TMBS 底物溶液；37℃避光作用 15~20min。

（5）以 $50\mu L$ $2mol/L$ H_2SO_4 终止反应，在酶标仪上读取 OD 值。

【结果判定】

$N-P/N \geqslant 50\%$，OD_{490} 值 $\leqslant NCX \times 0.3 + PCX \times 0.7$ 判为阳性，否则为阴性。PCX 为阳性对照的平均值，NCX 为阴性对照的平均值。

【附】

（一）常用溶液的配方

1. 包被液

（1）碳酸盐缓冲液：取 $0.2mol/L$ Na_2CO_3（12g 无水 Na_2CO_3＋100mL 去离子水）8mL＋$0.2mol/L$ $NaHCO_3$（1.68g $NaHCO_3$＋100mL 去离子水）17mL 混合，再加 75mL 去离子水，调 pH 9.6。

（2）Tris-HCl 缓冲液（pH6.0，$0.02mol/L$）：称量 $0.1mol/L$ Tris 100mL，$0.1mol/L$ HCl 58.4mL，去离子水加至 1 000mL。

（3）其他包被方式，如 GA、MA、BSA 等方法，请参阅有关章节和文献。

2. 稀释液和封闭液

（1）EPBA（pH7.2）：称取 NaCl 80g，$Na_2HPO_4 \cdot 12H_2O$ 14.5g，KCl 2g，KH_2PO_4 2g，加入去离子水至 10L。

（2）EPBS/Tween-20/NCS：EPBS＋0.05%Tween-20＋10% NCS 或 1%BSA。

（3）$0.01mol/L$ Tris-HCl 缓冲液（pH7.2）：称量 $0.1mol/L$ Tris 50.0mL，$0.1mol/L$ HCl 46.5mL，NaCl 8.5g，BSA 50g，正常山羊血清 150mL，加去离子水至 1 000mL。

（4）其他特殊稀释液，请参阅有关文献。

3. 洗涤液

（1）EPBS＋0.05% Tween-20（或 Tween-80）。

（2）$0.02mol/L$ Tris-HCl/Tween（pH 7.4）：称量 $1.0mol/L$ Tris 20mL，

1.0mol/L HCl 15mL，1.0mol/L HCl 15mL，调 pH 至 7.4，再加 Tween-20 0.5mL，加去离子水至 1 000mL。

4. 底物溶液

（1）磷酸盐-柠檬酸缓冲液（NO.1）：0.1 mol/L 柠檬酸：称取 $C_6H_6O_7 \cdot H_2O$ 9.6g，加去离子水定容至 500mL。0.2mol/L $Na_2HPO_4 \cdot 12H_2O$：称取 $C_6H_6O_7 \cdot H_2O$ 28.4g，加去离子水定容至 1 000mL。临用前，取 24.3mL 0.1mol/L 柠檬酸、25.7mL 0.2mol/L Na_2HPO_4、50mL 双蒸水混匀。

柠檬酸溶液及配成的底物缓冲液不稳定，易形成沉淀，因此一次不宜配制过多。

（2）OPD（邻苯二胺）底物：取 NO.1 底物缓冲液 10mL，加入 4mg OPD，溶解后加 3% H_2O_2 40μL。

（3）TMBS（四甲联苯胺硫酸盐）：

TMBS 储液：10mg/mL（DMSO 溶解，4℃避光存放）。

工作液：TMBS 储液 100μL，加入 NO.1 底物缓冲液 10mL，再加 42μL 1% H_2O_2 混匀。

（4）0.05mol/L Tris-HCl 缓冲液（pH7.6）：量取 0.1mol/L Tris 50mL，0.1mol/L HCl 38.5mL，补水至 100mL。

（5）TBS 缓冲液（NO.2）：20mmol/L Tris base，500mmol/L NaCl，用浓 HCl 调节 pH 至 7.5。

（6）DAB（二氧基苯胺盐酸盐）底物：称取 DAB 75mg，加入 NO.2 底物缓冲液 100mL，避光搅拌 3h，使其溶解，滤纸过滤，临用前加 1% H_2O_2 0.5mL。

（7）4-氯-1-萘酚底物（4-CN）：

4-CN 储液：3mg 4-CN 溶于 1mL 甲醇中，4℃保存。

使用液：2mL 4-CN 储液，10mL TBS，加 3% H_2O_2 至 0.01%（V/V）。

5. 酶反应终止液（2mol/L H_2SO_4）　量取浓 H_2SO_4 10mL，缓慢溶于 80mL 蒸馏水中即可。

6. 内源酶灭活液　量取 0.05mol/L Tris-HCl 缓冲液（pH7.6）98mL，加 1% H_2O_2 1mL，1% NaN_3 1mL，混匀即可。

（二）酶标抗体的制备

1. 试剂

①0.1mol/L $NaHCO_3$：$NaHCO_3$ 0.84g 加去离子水 100mL。

②0.1mol/L Na_2CO_3：Na_2CO_3 1.06g 加去离子水 100mL。

③EPBS/Tween-20/NCS：EPBS＋0.05%Tween-20＋10%NCS 或 1%BSA。

④10mmol/L $NaIO_4$：$NaIO_4$ 204.0mg 加去离子水 100mL。

⑤0.1mmol/L NaOH。

⑥5mg/mL $NaBH_4$：$NaBH_4$ 0.1g 加 0.1mmol/L NaOH 20mL。

2. 方法

（1）HRP 直接标记腹水中的单抗：5mg HRP 溶于 0.5mL 0.1mol/L $NaHCO_3$，加 0.5mL 10mmol/L $NaIO_4$，混匀，盖紧瓶塞；室温（20℃）避光作用 2h。

加 0.75mL 0.1mol/L NaCO₃，混匀；加 0.75mL 小鼠腹水，混匀；用少许 PBS 将交联物转移到一支下口具玻璃棉的 5mL 注射器外筒中；加 SepHadex G₁₅ 或 SepHadex G₅₀ 干粉 0.5g，混匀。盖紧，室温作用（避光）3h。用少许 PBS 将交联物全部洗出，收集洗出液，加 1/20（V/V）新鲜配制的 5mg/mL NaBH₄ 溶液，混匀，室温作用 30min。再加 3/20（V/V）NaBH₄ 溶液，混匀，室温作用 1h 或 4℃过夜。将交联物过 SepHdex G₂₀₀ 或 SepHarose6B（2.5cm×50cm）层析纯化，分管收集第一峰。

(2) 酶结合物质量鉴定：

①摩尔比值测定：

酶量（mg/mL）= $OD_{403} \times 0.4$

Ig 量（mg/mL）=（$OD_{280} - OD_{403} \times 0.3$）$\times 0.62$

酶结合物 mol/L 比值（E/P）= 4 倍酶量÷IgG 量标记率 = OD_{403}/OD_{280}

注：E/P 值在 1～2 之间为合格。

②特异性及效价测定：应用 ELISA 同时确定酶结合物的特异性、酶活力、抗体活性及效价。

将酶结合物倍比稀释后平行加于阴性孔及阳性孔，合适底物显色后记录各个稀释度的特异及非特异显色值，绘制特异及非特异反应曲线，比较两条曲线可以确定其特异性、酶活力及抗体活性。特异显色为 1.0 时的稀释倍数，一般可作为交联物的效价。实际使用浓度应适当升高 2～5 倍。

③酶标记抗体的保存：加等量甘油（A.R.）后，-20℃存放。

(三) HRP 标记抗体

1. HRP 的活化 5mg HRP（RZ>3.0）溶于 0.5mL 新配制的 0.1mol/L NaHCO₃ 试管中。再加入 0.5mL 10mmol/L NaIO₄，试管加塞塞紧，20℃暗处放置 2h。再加 0.1mL 0.1mol/L Na₂CO₃ 以减慢氧化。

2. 标记 用 0.1mol/L Na₂CO₃（pH9.2）1～2mL，配制 15mg Ig 溶液；将 Ig 溶液加入 HRP 溶液（HRP/IgG 分子比为 1∶2）；立即将 IgG-HRP 混合液移入 5mL 注射器外筒（下口塞有玻璃棉，并接上橡皮帽），加入与混合液质量 1/6 等量的 Sephadex G₂₅ 或 50 干粉；室温保存 3h 或 4℃过夜。

3. 稳定化 用少许 PBS 洗脱酶标记物，加入 1/20（V/V）的 NaBH₄ 酶标记物中；室温作用 30min，加入 3/20（V/V）的 NaBH₄，室温作用 1h（可于 4℃过夜）。

4. 提纯 同前。

5. 酶结合物质量鉴定及保存：同前。

三、生物素标记抗体检测技术

【目的要求】了解和掌握生物素标记抗体检测技术的原理和方法，并能应用于疾病诊断和抗原、抗体的分析。

【实验原理】生物素和亲和素间亲和力强，二者一旦结合，极为稳定；生物素或亲和素与抗体分子或标记物结合后，既不影响前者的亲和力，也不改变后者的特性。将抗体标记生物素，链霉亲和素标记荧光素或酶，然后通过链霉亲和素与生物素的高结合力来检测。

【实验材料】96孔酶标板，纯化的兔抗禽白血病病毒多抗，抗原包被液，0.1%PBS-Tween洗涤液，2%BSA-PBS，0.1% BSA-PBS，禽白血病病毒细胞培养物，生物素标记的抗禽白血病病毒P27单克隆抗体，辣根过氧化物酶（HRP）标记的亲和素，底物溶液，2mol/L硫酸，酶标板，酶标仪等。

【操作方法】

（1）将纯化的禽白血病病毒P27多抗用碳酸盐包被缓冲液稀释至5μg/mL；在96孔酶标板每孔中加入上述稀释了的多抗100μL，4℃包被过夜或37℃包被2h。

（2）弃去孔中的包被液，用2% BSA 37℃封闭2h；弃去孔中的封闭液，以0.1%PBS-Tween洗涤两次；加入被检或已知禽白血病病毒细胞培养物（0.1%PBS-Tween稀释），100μL/孔，37℃孵育1h。

（3）弃去孔中的抗原，用0.1%PBS-Tween洗涤3次；加入工作浓度生物素标记的抗禽白血病病毒P27单抗，100μL/孔，37℃孵育1h。

（4）弃去孔中的生物素标记单抗，用0.1%PBS-Tween洗涤3次；加入HRP标记的亲和素（0.1%PBS-Tween稀释至1∶10 000），100μL/孔，37℃孵育1h。

（5）弃去孔中的酶标记亲和素，用0.1%PBS-Tween洗涤5次；加入TMB底物溶液，100μL/孔，37℃水浴锅中显色15～20min。

（6）加入2mol/L硫酸终止液，50μL/孔；在酶标仪上，测定OD_{450}值。

【结果判定】P/N≥2.1，P≥N+3SD时判为阳性；否则判为阴性。

（秦爱建编写，成子强、孙淑红审稿）

实验七 免疫电镜技术

20 世纪，人们将电子显微镜技术与免疫学方法相结合逐步形成了免疫电镜技术。免疫电镜技术是利用抗原抗体反应的专一性来定位抗原或抗体存在部位和形态的方法，是在超微结构水平上建立的一项新技术，曾先后发明了铁蛋白标记技术、酶标记技术、胶体金标记技术等。另外，利用病毒和抗体形成抗原抗体复合物，然后再利用电镜观察的免疫凝结电镜实验技术，可明显提高病毒的检出率和准确率。

一、免疫凝结电镜技术

【目的要求】 熟悉电子显微镜操作技术，了解免疫电镜实验技术的原理和方法。

【实验原理】 用于电镜检查的病毒悬液与相应抗体结合后，经磷钨酸负染，透射电镜检查，可见病毒颗粒凝结成团，并见有抗体分子的晕，病毒颗粒之间保持着一定距离。电镜凝结试验可进行病毒的确切鉴定，比一般电镜检查敏感1 000倍。

【实验材料】 犬细小病毒诊断血清、被检犬肠道内容物。

【操作方法】 将含有被检病毒的材料差速离心，使病毒沉淀、浓缩，将沉淀的病毒重悬于适量生理盐水中，取一滴病毒悬液和一滴抗体混合，4℃过夜。用1%磷钨酸进行负染，滴于被有碳膜的铜网上，吸干，即可作电镜检查。下面以检测犬细小病毒为例进行操作。

1. 纯化浓缩病毒 将含有被检病毒的材料10 000r/min 离心1h，取上清液，40 000r/min 离心2h，将沉淀的病毒重悬于适量生理盐水中。

2. 制备免疫复合物 取0.8mL 浓缩粪便悬液，加0.2mL 抗细小病毒单克隆抗体或诊断血清，37℃作用1h 或4℃过夜，次日40 000r/min 离心90min，弃上清。

3. 电镜标本制作及观察 在经超速离心沉淀的免疫复合物沉淀中，加入2滴（约0.05mL）去离子水，用细玻璃棒磨匀后，吸一滴混悬物置蜡纸或塑料片上，将覆以碳膜的铜网浸入混悬液中浸泡10min 后取出，用细滤纸条吸除多余液体，自然干燥。用1%磷钨酸负染1min。干燥后在放大30 000倍的透射电镜下观察。

【结果判定】 以具有病毒特征的3个以上20～27nm 聚集颗粒为阳性。

二、冰冻超薄切片免疫电镜技术

【目的要求】 熟悉电子显微镜操作技术，了解超薄切片免疫电镜实验技术的原理和方法。

【实验原理】 将含有抗原的冰冻组织进行超薄切片后，利用铁蛋白标记、酶标记、胶体金标记等技术进行免疫染色，然后进行透射电镜观察，在抗原周围可看到布满电子密度较高的黑色颗粒。

【实验材料】 抗兔病毒性出血症病毒抗体、被检病兔肝脏。

【操作方法】 将组织用甲醛或戊二醛固定，然后速冻（液氮等）、冰冻超薄切片，将切片展于用碳膜包被后的铜（镍）网上，用辣根过氧化物酶或胶体金标记的抗体进行染色，戊二醛固定后进行电镜观察。下面以辣根过氧化物酶标记的抗体染色为例进行操作。

1. 冰冻超薄切片 首先将组织用含 4％甲醛和 0.2％戊二醛的 0.1mol/L 磷酸盐缓冲液（pH 7.4）浸泡固定 2～4h（4℃），再用 2.3mol/L 蔗糖溶液渗透 6～8h，液氮速冻后取出，粘贴到预冷的冰冻切片机上进行超薄切片。用带有碳膜的铜（镍）捞取切片，自然干燥后备用。

2. 免疫染色

（1）封闭：用含有 1％牛血清白蛋白或 10％正常动物血清的 PBS（如胎牛血清）作用 30～60min，PBS 漂洗。

（2）免疫标记反应：加已知第一抗体（如抗兔病毒性出血症病毒抗体）37℃作用 30～60min，或 4℃作用过夜。PBS 冲洗 3 次。加酶标记的第二抗体（如 HRP 酶标记羊抗兔 IgG 抗体，按工作浓度稀释）作用 1h，PBS 冲洗 3 次。

（3）显色：将切片置于含 0.06％DAB（联苯二胺）、0.01％H_2O_2 的 0.05mol/L Tris-HCL（pH 7.6）溶液中 10min，然后浸入 PBS 溶液中漂洗 10min 终止反应。

（4）电镜染色：切片用 2％醋酸铀染色 15min，双蒸水冲洗。

3. 电镜观察 透射电镜观察。

【结果判定】 抗原周围可见有黑色颗粒沉着者为阳性细胞。

【讨论】 免疫电镜技术为抗原亚细胞水平定位提供了有力工具，也为病毒病快速诊断提供了一个新方法，可提高准确率。近几年来，有些科技工作者利用不同标记物在电镜下呈现不同的形态和电子密度的特点，建立了一些双标记或多标记免疫电镜技术，可在同一反应系统中，同时观察不同抗原及受体在细胞表面和细胞结构中的定位。但是由于制作过程复杂和费用太高，此项技术应用的并不广泛。

（常维山编写，刘思当、刘建柱审稿）

实验八 免疫沉淀技术

【目的要求】初步掌握蛋白抗原的鉴定，测量蛋白质的相对分子质量，观察蛋白质之间的相互作用，检测其翻译后修饰的调控，或确定蛋白质降解的速率。

【实验原理】利用抗体与相应抗原的高亲和力特性作为检出和结合溶液中靶分子的理论依据。抗原和抗体在溶液中形成抗原抗体复合物，这样利用与蛋白 A 或蛋白 G 共价结合的琼脂糖或聚丙烯酰胺微珠将其收集并纯化。蛋白 A 和蛋白 G 能特异性地与抗体的保守区结合，形成稳定的抗原抗体复合物附着在微珠上，溶液内无关的分子可以通过洗涤微珠而被清除。

免疫沉淀（immunoprecipitation）这个词本是可溶性抗原和相应抗体相遇而发生沉淀反应的一个泛指性术语，但 Brugge 和 Erikson（1977）将这一反应与 SDS-PAGE 相结合，形成了一种特定技术，主要用于病毒抗原及其相关成分的检测。免疫沉淀技术的操作过程比较简单，一般分为三个阶段：①抗原溶液的制备；②裂解物非特异性本底的预处理；③免疫沉淀复合物的形成和纯化。

免疫沉淀技术的成功依赖于抗原的纯度以及制备抗原的难易，主要受两方面因素的影响：①抗原原液的丰度；②抗体对抗原的亲和力。

【实验材料】禽胚，细胞单层，PBS，玻璃微珠，探针或杯型超声器，SAC（金黄色葡萄球菌 COWAN I 株），正常兔血清，裂解缓冲液，抗体，蛋白 A 或蛋白 G 微球［用含 0.02%叠氮钠裂解缓冲液配成 10%（V/V）的混悬液，4℃保存］，不含 DTT 的 LaemmLi 样品缓冲液（2%SDS，10%甘油，60 mmol/L Tris，pH 6.8 和 0.02%溴酚蓝），1 mol/L DTT，被检抗原，摇床，细胞培养皿，抽吸装置电泳仪，离心机，培养箱，实验室常用器材。

【操作方法】

（一）裂解细胞

裂解组织和细胞可以采用多种不同的方法，依据所研究的细胞或组织的类型不同以及抗原的最终用途选择适当的方法。对无细胞壁的细胞用温和的去污剂即可溶解。反之，则需采用某些机械的剪切或酶消化法来去除细胞壁。

1. 裂解缓冲液

（1）NP-40 裂解体系：150 mmol/L NaCl；1.0% NP-40；50 mmol/L Tris (pH 8.0)。

（2）RIPA 裂解体系：150 mmol/L NaCl；1.0% NP-40；0.5% 脱氧胆酸钠；0.1% SDS；50 mmol/L Tris (pH 8.0)。

2. 组织培养细胞的裂解

（1）单层细胞的培养，用室温 PBS 冲洗细胞一次，然后甩干；悬浮培养的细胞，以

400g 离心 10 min，收集细胞弃上清液。

（2）对于单层细胞培养，将培养瓶置于冰上，每 100 mm² 培养瓶加入 1.0 mL NP-40 裂解缓冲液（4℃预冷）；对于悬浮培养，将盛有沉淀细胞的试管置于冰上。每 10^7 个细胞加入 1.0 mL 裂解缓冲液（4℃预冷）。

（3）冰上放置 3 min，不时敲击贴壁细胞培养瓶，或轻摇悬浮培养细胞。

（4）对于单层细胞培养，敲击培养瓶数次，均匀混合，在冰床上倾斜培养瓶使溶液集中于一侧，然后将裂解物移至另一支 1.5 mL EP 管。

（5）单层培养的细胞或悬浮培养的细胞均以 10 000g、4℃离心 10 min，仔细吸取上清液盛于另一试管（不可搅动沉淀的细胞），置冰上。

3. 利用超声裂解细菌

（1）1 000g 离心 5 min 收集细菌，弃上清液。将细菌悬浮于 PBS，再次离心，弃去 PBS。

（2）将细菌团悬浮于至少 10 倍体积的预冷裂解缓冲液（通常用 RIPA 缓冲液）。

（3）使用探针或杯型超声器破碎细菌，进行多次最高频率的短促冲击（每次 10～30 s，重复 4 次）。在每次超声处理之间，将细菌再置于冰浴内降温。

（4）10 000g、4℃离心 10 min。

（5）仔细吸取裂解液，盛于另一试管，置冰上。

4. 利用玻璃微珠裂解酵母细胞

（1）4 000g 离心 5 min 收集酵母细胞，弃上清液。重悬浮于 PBS，离心，弃去 PBS。

（2）将酵母细胞团再次悬浮于少量预冷的裂解液（通常大约 3 倍体积的 RIPA 缓冲液），同时应加入蛋白酶抑制剂，置冰上。

（3）玻璃微珠（500 μmol/L），用 1 mol/L 盐酸和裂解缓冲液分别洗涤 2 次，然后置于少量裂解缓冲液内，4℃保存。

（4）在重悬浮的酵母细胞内加入等体积预冷的玻璃微珠，剧烈涡流震荡 30 s，重复操作直至大部分酵母细胞裂解。

（5）将细胞裂解物连同玻璃微珠以 10 000g 离心 5 min，仔细吸取上清液盛于另一试管，置冰上。

5. 变性裂解

（1）将细胞或组织用 PBS 洗涤 1 次。用适当方法将细胞收集于试管内。离心沉淀收集细胞，弃上清液。

（2）将沉淀收集的 10^7 个哺乳动物细胞加入 10 倍体积的 50 mmol/L、2% SDS（pH7.5），涡流震荡，裂解细胞。

（3）将试管置沸水浴内煮沸 10 min。

（4）用探针型或杯型超声处理器切割 DNA，进行若干次最高频率的超声处理，是 DNA 被充分剪切，并减少溶液的黏稠性。

（5）10 000g 离心 10 min，弃上清液。用含 2% BSA（pH 7.5）的 50 mmol/L Tris 稀释 20 倍。

（6）冰上孵育 10 min，10 000g 离心 10 min，仔细取上清液盛于另一 1.5 mL EP 管，置冰上。

(二) 裂解物预处理

抗体的性质和抗原的浓度是影响免疫沉淀蛋白浓度的主要参数。裂解物中一般存在某些无关蛋白,它们在完成免疫沉淀的最后步骤之前能与免疫复合物或固相的载体非特异结合。预处理就是将裂解物通过一系列模拟免疫沉淀的步骤,用与目标蛋白无关的非特异性抗体去除所有可能污染免疫沉淀最后步骤的非特异蛋白。非特异性抗体一般用家兔血清,因其容易获得,而且能牢固地定量结合于金黄色葡萄球菌蛋白 A。使用固定的 SAC 比蛋白 A 微珠更容易结合兔抗体,因为 SAC 菌体表面的蛋白 A 浓度非常高。在预处理的早期阶段加入血清,也有许多优点,如血清中含有许多强有力的蛋白酶抑制剂,并可作为稳定缓冲液发挥可溶性因子作用的蛋白来源。

(1) 每 1.0 mL 溶解物或抗原溶液中加入 50 μL 正常兔血清,冰上孵育 1 h。

(2) 在孵育的同时,另将压积的固定 SAC 在裂解缓冲液中清洗,以 10 000g、30 s 离心 SAC,弃上清液。然后将 SAC 悬浮于裂解缓冲液,用毛细吸管搅拌,10 000g 再次离心,完全弃去洗液。将洗涤后的压积 SAC 团置冰上。

(3) 孵育 1h 后,用裂解物再悬浮洗涤过的 SAC,再次搅拌。将糊状的 SAC/裂解物在冰上孵育 30min,不必混匀,因为 SAC 的浓度较高而且在固定的 SAC 表面有大量的蛋白 A 分子。

(4) 4 ℃、10 000g 离心 15 min,吸取上清液移至另一试管(小心不要搅动沉淀物而混入 SAC),储存,必要时重复离心。

(三) 免疫复合物的纯化

(1) 将上清(裂解物样本)分装入数个 1.5 mL 的 EP 管中,加入裂解缓冲液至终体积接近 0.5 mL。在不同的管中加入抗血清 1μL 或者杂交瘤细胞培养上清液 50μL 或者小鼠腹水 0.5μL 作为抗体的起始用量。其他体积要与抗体量、抗原量的特殊处理相适应。一般滴定时抗血清用 0.5~1.5μL,杂交瘤细胞培养上清液用 10~100μL、腹水用 0.1~1.0μL。

(2) 冰上孵育 1 min。高亲和力的结合反应在 1 h 内完成,因而 1 h 的孵育时间可使大部分的抗体完成反应。

(3) 针对抗原-抗体反应,加入蛋白 A 还是蛋白 G 微球取决于所使用的抗体类型(表 8-1),加入 100 mL 含有 10%微球的裂解缓冲液(最后微球体积为 10 mL),密封,4℃摇床孵育 1h。

(4) 10 000g、4℃离心 15s 收集微球,用裂解缓冲液清洗免疫复合物 3 次,使用 23 号针头吸取裂解物和洗液,尽可能移去最后的洗液。

(5) 将免疫复合物进行分析,通常采用 SDS-PAGE 电泳。

表 8-1 各种抗体应选择的用于结合的不同葡萄球菌蛋白的类型

	抗体来源	蛋白 A	蛋白 G
单克隆抗体	小鼠 IgG_1		√
	小鼠 IgG_{2a}、IgG_{2b}、IgG_3	√	
	大鼠		√

(续)

抗体来源		蛋白 A	蛋白 G
多克隆抗体	人	√	
	家兔	√	
	小鼠		√
	大鼠		√
	马	√	
	山羊		√
	驴	√	
	猪	√	
	豚鼠	√	
	犬	√	
	母牛	√	

(6) 对照：免疫沉淀技术中设置的正确对照应包括与特异性抗体密切相关的各种非免疫抗体。多克隆血清应与来自相同种属的其他多克隆血清比较，最好是用同一动物在免疫前所采集的血清作为对照。单克隆抗体的对照必须与特异性抗体的来源相同，即细胞培养上清液对比上清液，小鼠腹水对比腹水或纯化抗体。

【举例】用免疫沉淀技术鉴定 SF9 细胞表达的马立克病病毒 MEQ 蛋白。

1. 细胞样品制备　　以 5×10^6 个细胞/板的量铺细胞单层，并以 5 个 MOI（multiplicity of infection，即每个细胞感染病毒粒子的数量）感染表达 MEQ 蛋白的重组病毒的 P-3 种子液，静止培养。在感染后（PI）48 h 用无蛋氨酸的培养基取代原来的完全培养基，27 ℃培养 60 min。然后换加入了 ^{35}S-蛋氨酸（450 μCi*）的新鲜无蛋氨酸培养基，再培养 5 h。吸去培养上清，加入裂解缓冲液 [150 mmol/L NaCl、10 mmol/L Tris-HCl（pH 7.5）、0.1%SDS、1%脱氧胆酸盐、1% Triton X-100] 2 500 μL，收获细胞，置-20 ℃待用。同时设 ^{35}S-蛋氨酸标记的野生型杆状病毒感染细胞作为对照。

2. 抗原-抗体复合物的制备　　分别取葡萄球菌 A 蛋白-SepHarose（0.1 g/mL）100 μL、裂解缓冲液（LB）50 μL、非特异性小鼠腹水 10 μL，混匀后置 4 ℃摇振 3h，然后用 LB 洗涤 3 次，最后一次离心沉淀（12 000r/min、2min）后，吸去上清。然后加入前面制备好的细胞裂解物并混匀，4 ℃摇振 4h，离心沉淀，留上清即为抗原液。与此同时，分别取 A 蛋白-SepHarose 100 μL、LB 100 μL、MEQ 单抗 10 μL，混匀后置 4 ℃摇振 4h，用 LB 洗涤 3 次，最后取离心沉淀物与前面制备的抗原液混合，4 ℃摇振过夜。

3. SDS-PAGE 电泳　　次日用 LB 洗涤 3 次，最后用 SDS-PAGE 样品缓冲液（25 μL/样）悬起沉淀，100 ℃煮沸 5min，12 000r/min 离心 5min，取上清作为样品

---

* Ci（居里）为非法定计量单位，1Ci=3.7×10^{10}Bq。

按 Sambrook 等的方法进行 SDS-PAGE。

4. 凝胶干燥 电泳结束后，轻轻取出凝胶，置脱水液（用无离子水配制的 7% 冰乙酸、25% 甲醇溶液）摇振 30min，在 1 mol/L 水杨酸溶液中摇振 30min。然后，用四周均大于凝胶 2mm 的 3mm 厚的滤纸撑托凝胶，上覆 SaraWrap，置凝胶干燥机加热（70℃）干燥 1h，然后取下黏附于滤纸上的干凝胶。

5. 放射自显影 在暗房中将 X 光底片置于已固定在暗盒中的干凝胶上方，关上暗盒。外面再用金属箔纸完全包裹，以免漏光。置 －20℃ 冰箱曝光 24h。按常规进行底片的显影、定影和冲洗。

（韦平编写，成子强、郭慧君审稿）

实验九　免疫转印技术

【目的要求】掌握免疫转印技术的原理、操作方法及判定标准

【实验原理】免疫转印即免疫印迹（immunoblot），是1979年由Towbin创立的分子生物学检测技术。它是将凝胶电泳技术、固定化技术和免疫检测技术相结合而产生的一项新技术。该技术首先将样品（细菌、病毒和其他结构蛋白分解物）在聚丙烯酰胺凝胶中电泳，根据分子质量的大小和所带电荷的多少可将复杂的蛋白成分分离开，再经过转移电泳技术，将凝胶中的蛋白或者糖蛋白转移至一个固相载体（硝酸纤维素膜）上，再用常规免疫酶染色技术进行显色，即可显出样品中的不同区带，从而判定所含有的蛋白质成分及其性质。

【实验材料】

1. 转移电泳缓冲液

甲醇	200mL
Tris	3.03g（25mmol/L）
甘氨酸	14.41g（192mmol/L）
蒸馏水	800mL

2. 洗涤液　0.1%Tween-20（pH7.6），0.02mol/L Tris-HCl。

3. 封闭液　1%牛血清白蛋白（BSA）（pH7.6），0.02mol/L Tris-HCl（或10%的脱脂乳）。

4. 底物液

3,3-二氨基联苯胺	4mg
0.02mol/L Tris-HCl（pH7.6）	10mL
30%H_2O_2	4μL

棕色瓶保存，临用时配制。

5. 其他　第一抗体、酶标抗体、滤纸、NC膜。

6. 设备　高压稳流电泳仪、电泳转移槽。

【操作方法】

1. 凝胶板的洗涤　将经过电泳的凝胶块拆卸下来，去除浓缩胶。以适量转移缓冲液室温平衡凝胶15～30min。

2. 组装转印夹层　将可合拼的多孔支撑板夹打开，依次放上用缓冲液浸湿的海绵垫→一张剪切得如凝胶大小并预先用转移缓冲液浸润的厚滤纸（或三层薄滤纸）→凝胶→一张大小和凝胶一样的硝酸纤维素膜（预先用转移缓冲液浸湿后覆盖于凝胶表面）→一层厚滤纸（或三层薄滤纸）→缓冲液浸湿的海绵垫，将多空支撑板夹合起来，夹紧后插入电泳槽。

3. 转印电泳　转移槽内加预冷的缓冲液，液面超过凝胶夹。按正确的极性方向（膜正胶负、红正黑负）将转移槽与电泳仪连接，凝胶在电泳槽内平衡 10min 后接通电源，冷却条件下 100V 电压转 30～60min，或用较低的电流，电泳时间可延长至 12h。

4. 转移效果的检测　电泳结束后取出凝胶块用考马斯亮蓝 R-25 染色，观察蛋白质是否被转移彻底。

5. NC 膜的封闭　将 NC 膜放入可密封的塑料袋，加入 5mL 封闭液 [1%牛血清白蛋白（BSA）（pH7.6），0.02mol/L Tris-HCl 缓冲液或 10%脱脂乳]，密封塑料袋，在 37℃封闭 30～60min，然后取出置于洗涤液中震荡洗涤 3 次，每次 5min。

6. 抗体的加入　将 NC 膜再放入可密封的塑料袋，加入含第一抗体的孵育液，37℃反应 1h，其间不断振荡。将 NC 膜取出，置于洗涤液中震荡洗涤 4 次，每次 10min。

7. 酶标抗体的加入　将 NC 膜再放入新的可密封的塑料袋，加入稀释的酶标记抗体溶液，37℃反应 1h，其间不断振荡。将 NC 膜取出，置于洗涤液中震荡洗涤 4 次，每次 10min。

8. 显色反应　将洗涤过的 NC 膜放入盛有底物液的容器中于暗处反应显色，并随时观察显色结果，一般条带应在 10～30min 内出现。条带出现后，用蒸馏水洗膜终止反应，观察记录结果。

【结果判定】观察条带位置，出现预期大小的条带判为阳性；未出现条带或条带大小不符合预期大小判为阴性。

【注意事项】
(1) 整个实验中均须使用去离子水。
(2) 当进行接触滤纸、凝胶和膜的操作时，应戴手套。
(3) 滤纸、NC 膜在使用前要用转移缓冲液预先浸润。
(4) 组装转印夹层时，注意排去凝胶和滤纸、凝胶和 NC 膜、NC 膜和滤纸之间的气泡。
(5) 注意正确放置膜连正极，胶连负极。
(6) 第一抗体和酶标抗体作用后都要充分洗涤，减少非特异性。

（金文杰编写，成子强、孙淑红审稿）

实验十 免疫胶体金技术

免疫胶体金技术（immune colloidal gold technique，ICDT）是将胶体金作为标记物用于免疫检测的一种技术方法。胶体金是负电荷的疏水胶，其颗粒单个散在，直径在 1～50nm 不等，呈橘红色到紫红色，有利于肉眼观察。在电解质中，胶体金是不稳定的，但它可依靠吸附蛋白质增加自身的稳定性，而蛋白质的生物活性则无明显改变。因此，它可以作为探针进行细胞内和细胞表面多糖、蛋白质、核酸、抗原、激素等生物大分子的定位，也可以用于日常的免疫诊断，进行免疫组织化学定位。胶体金需经制备成免疫胶体金方可在免疫检测中应用。

一、免疫胶体金的制备

【目的要求】掌握免疫胶体金的制备方法，为应用免疫胶体金技术进行抗体或抗原的检测做准备。

【实验原理】氯金酸（或氯金酸盐）在还原剂作用下，可聚合成一定大小的金颗粒，形成带负电的疏水胶溶液。用还原法可以利用氯金酸（或氯金酸盐）制备各种不同粒径、不同颜色的胶体金颗粒。胶体金标记，实质上是蛋白质等高分子被吸附到胶体金颗粒表面的包被过程，其机理是胶体金颗粒表面负电荷与蛋白质的正电荷基团因静电吸附而形成牢固结合。胶体金对蛋白质有很强的吸附功能，可以与葡萄球菌A蛋白、免疫球蛋白、毒素、糖蛋白、酶、抗生素、激素、牛血清白蛋白、多肽螯合物等非共价结合，因而在基础研究和临床试验中成为非常有用的检测工具。

【实验材料】

1. 试剂 氯金酸或四氯化金、还原剂（柠檬酸三钠、鞣酸、抗坏血酸钠、白磷和硼氢化钠等）、乙醇、10%氯化钠、聚乙二醇20000 或牛血清白蛋白、0.02mol/L TBS（pH8.2，含1%BSA、0.05%叠氮钠）、SepHacryls-400 或 SepHarose-4B（或6B）等。

2. 主要仪器 分光光度计、超声波处理器、离心机等。

【操作方法】先采用还原法将氯金酸（或氯金酸盐）还原成胶体金。制备后立即用经过处理的蛋白质等大分子物质进行包被，形成免疫胶体金。在制备免疫胶体金的过程中可能还存在未标记的蛋白质、未充分标记的胶体金以及在标记中可能形成的各种聚合物，因此，最后要对胶体金进行纯化。

1. 胶体金的制备 一般采用还原法，即将氯金酸或四氯化金与适当的还原剂作用而使其还原成胶体金。根据需要可通过加入不同种类和剂量的还原剂来调节胶体金颗粒的大小

(表10-1)。常用的制备方法有两种：经超声波制备和加热搅拌制备。

(1) 经超声波制备：用无离子水将1.2mL 1%氯金酸盐稀释到100mL，并用0.2mol/L碳酸钾溶液调至中性。再将溶液冷却到4℃，并加入1.4mL乙醇。立即用超声波处理：将探针插入液面下约1cm，以40kHz、125W进行超声波处理（时间依产物的颜色而定）。

(2) 加热搅拌制备：取0.01%氯金酸水溶液100mL，加热煮沸，在剧烈搅拌下，加入新配制的1%柠檬酸三钠0.70mL。金黄色的氯金酸水溶液在2min内变为紫红色，继续煮沸1.5min，冷却后以蒸馏水恢复到原体积，如此制备的金溶液，其可见光区的最高吸收峰在535nm处。

表10-1 四种粒径胶体金的制备及特性

胶体金粒径（nm）	1%柠檬酸三钠（mL）	胶体金颜色	最高吸收峰（nm）
16	2.00	橙色	518
24.5	1.50	橙红	522
41	1.00	红色	525
71.5	0.70	紫色	535

2. 免疫胶体金的制备　由于胶体金颗粒在电解质中不稳定，制备后应立即用大分子（如蛋白质）进行包被。

(1) 待标记蛋白质的处理：包被前先将待标记蛋白预先在4℃蒸馏水中透析过夜，以除去多余的盐离子，然后40 000g、4℃离心1h，取上清液经0.2μm滤膜过滤。

(2) 调节胶体金的pH：胶体金对蛋白的吸附主要取决于pH，在稍高于蛋白质等电点的条件下，二者容易形成牢固的结合物。通常标记IgG时，调至pH9.0；标记McAb时，调至pH8.2；标记亲和层析抗体时，调至pH7.6；标记SPA时，调至pH5.9～6.2；标记ConA时，调至pH8.0；标记亲和素时，调至pH9.0～10.0。

(3) 确定蛋白质包被的最适浓度：将1mL蛋白质液作10倍稀释，分别加到5mL胶体金溶液中，迅速混合。1min后加入1mL 10%氯化钠溶液，混合后静置5min。将5mL胶体金溶液稀释至7mL作为空白对照。然后，分别测定光吸收值，选择最低吸收值的蛋白质浓度用于包被。在实际工作中，可适当增加蛋白质浓度10%～20%。

(4) 包被胶体金：按所确定的蛋白质浓度和胶体金的体积，将蛋白质液加入胶体金中，混合。让蛋白质吸附1～2min后，加入PEG20000至终浓度为0.05%或BSA至终浓度为1%作稳定剂。标记好的免疫胶体金溶液4℃可保存数月。

(5) 免疫胶体金的纯化：纯化主要是除去其中未标记的蛋白质、未充分标记的胶体金以及在标记中可能形成的各种聚合物。常用的纯化方法有超速离心法、凝胶过滤法等。

①超速离心法：适用于粒径小于10nm的胶体金，45 000g、4℃离心15min到1h，弃上清，沉淀用原体积的0.02mol/L TBS（pH8.2）（含1%BSA 0.05%叠氮钠）溶解，重复离心2～3次，沉淀溶于原体积的1/10的TBS溶液中，4℃保存备用。

②凝胶过滤法：将浓缩好的免疫胶体金先以1 500r/min离心除去大的聚合物，取上清液过柱。可用SepHacryls-400或SepHarose-4B（或6B）装柱，0.02mol/L TBS（pH8.2）平衡和洗脱。先滤出的液体内含大颗粒聚合物等杂质呈微黄色，继之为纯化的胶体金蛋白结合物，随浓度的增加而红色逐渐加深，最后洗脱出略带黄色的为标记的蛋白组分。将纯化的胶体金蛋白结合物过滤除菌、分装，4℃保存。

二、胶体金标记技术在免疫学中的应用

——斑点免疫金银染色法

胶体金标记技术主要应用在免疫电镜技术、被动凝集试验、光镜染色、免疫印迹、免疫斑点渗滤法和免疫层析技术。目前应用较多的为斑点免疫金渗滤法和胶体金免疫层析法。

【目的要求】掌握斑点免疫金银染色法的原理及操作方法。

【实验原理】将被检的抗原或抗体吸附在微孔滤膜（NC 膜）上，然后用胶体金标记的抗体或抗原来检测相应抗原或抗体。斑点免疫金银染色法有直接和间接（夹心）两种方法。直接法是先将被检抗体或抗原吸附在 NC 膜上，然后与胶体金标记的抗原或抗体反应，可用以检测抗体或抗原。夹心法是将抗体吸附于 NC 膜上，然后加入胶体金标记的特异性抗体。通过银显影，使显色反应加强，可在抗原、抗体反应的阳性部位或有特异性抗体相对应的抗原部位形成灰黑色点。色点的颜色深浅反映出结合到抗原或抗体上胶体金的差别，也反映出吸附在 NC 膜上的抗原或抗体量的不同。

【实验材料】免疫胶体金制备材料同前述；NC 膜、被检抗原、SPA-胶体金稀释液、封闭液 [0.02mol/L 的 TBS（pH7.4），含 50.0g/L 卵白蛋白、5mL/L Tween-20、5mL/L Triton X-100]、洗液 [0.02mol/L 的 TBS（pH7.4），含 5mL/L Tween-20、5mL/L Triton X-100]、含 5.0g/L 卵白蛋白的 TBS、兔抗 IBV 血清、硝酸银显影液、10.0g/L 醋酸、定影液等。

【操作方法】以斑点免疫金银染色法检测鸡传染性支气管炎病毒（IBV）抗原为例。

1. **免疫胶体金的制备**　同前述。

2. **NC 膜的预处理**　根据需要将 NC 膜剪成一定大小，放入去离子水中浸泡 5min 后取出，用滤纸将水分吸干。

3. **点样**　取 1～2μL 被检抗原样品滴加在 NC 膜中央。滴加稀释液作为阴性对照。自然干燥。

4. **封闭**　将 NC 膜浸入封闭液中 37℃作用 45min，其间振荡 3 次，每次 2min。

5. **包被**　将 NC 膜浸入用 5.0g/L 卵白蛋白 TBS 稀释的兔抗 IBV 血清中，37℃作用 45min，其间振荡 3 次，每次 2min。

6. **洗涤**　将 NC 膜浸入洗液中漂洗 3 次，每次 2min。

7. **与免疫胶体金进行标记反应**　将 NC 膜浸入已标记的 SPA-胶体金溶液中 37℃作用 1h，其间振荡 3 次，每次 2min。

8. **洗涤**　将 NC 膜浸入洗液中漂洗 3 次，每次 2min；再用去离子水冲洗 3 次，每次 2min。

9. **银显影**　将 NC 膜置于硝酸银显影液中避光反应 20min，再浸入 10.0g/L 醋酸液中漂洗 2min，然后放入定影液中 5min，取出后用自来水冲洗，自然干燥。

10. **结果观察**　阳性呈现清晰的灰黑色、灰色或棕褐色圆形斑点，颜色比阴性对照深者判为阳性（＋），无显色斑点并与阴性对照一致者判为阴性（－），介于二者之间的判为可疑（±）。

（韦平编写，姜世金、赵鹏审稿）

实验十一　免疫核酸探针技术

自 Gall 和 Pardue 建立了原位核酸杂交技术以来,为基础的微生物诊断、基因定位和表达、发育生物学、肿瘤学、医学遗传学和遗传分析等领域研究提供了极其宝贵的资料,发挥了其他技术难以取代的作用。核酸探针可分为同位素标记的核酸探针和半抗原标记的免疫核酸探针。同位素探针用同位素标记寡核苷酸,用放射性自显影技术诊断;免疫学探针用生物素或地高辛等半抗原标记,利用免疫学技术检测。下面仅介绍免疫核酸探针技术。

一、生物素免疫核酸探针

【目的要求】掌握原位杂交实验的原理与方法,熟悉核酸探针的操作技术。

【实验原理】应用 DNA 探针缺口翻译或 PCR 方法,通过碱基配对,以一条已知 DNA 链为模板,将生物素标记的某一种脱氧三磷酸核苷酸如 Bio-dUTP 掺入有缺口的 DNA 链。将生物素标记的 DNA 探针与被检 DNA 进行原位杂交,用酶标记的抗生物素抗体或亲和素处理,然后进行染色。

【实验材料】被检猪瘟病猪扁桃体病料、生物素标记核酸探针诊断试剂盒。

【操作方法】将被检样品进行适当处理后,将已标记好的生物素核酸探针与之杂交,然后利用辣根过氧化物酶（HRP）或碱性磷酸酶（AP）标记的酶标抗体与之反应,显色方法有两种:HRP 显色和 AP 显色。下面以 HRP 显色为例介绍其基本方法。

1. 样本处理

(1) 取材:组织应尽可能新鲜,一般新鲜组织和培养细胞应在 30min 内固定。

(2) 固定:对新鲜组织的冰冻切片或细胞培养标本先用 0.5%~1%多聚甲醛固定 1min,再用 70%乙醇固定 1min。

(3) RNA 酶处理:加 50μL RNA 酶溶液,盖上盖玻片,放在湿盒内 37℃作用 1h。用 2×SSC（主要由 3mol/L 氯化钠、0.3mol/L 柠檬酸三钠组成,调 pH 至 7.0）漂洗 3min,再重复 1 次。梯度乙醇（70%、90%、100%）脱水,自然干燥。

(4) 蛋白酶 K 消化:加 1~2 滴蛋白酶 K 溶液（0.3~0.6 μg/mL,20mmol/L Tris-HCl,pH7.5,2mmol/L $CaCl_2$）37℃作用 2h。用 2×SSC 漂洗 2min,再重复 1 次,再用 4%多聚甲醛溶液固定 10min。2×SSC 漂洗 2min,再重复 1 次。

(5) 靶 DNA 变性:将载玻片浸入 70℃变性溶液（70%甲酰胺、2×SSC）2min,然后在冰上冷却。浸入 70%乙醇溶液漂洗 1min。梯度乙醇（80%、90%、100%）脱水,自然干燥。

2. 杂交

(1) RNA 原位杂交：

①处理探针：将生物素标记的 DNA 探针 95℃变性 5min，然后立即冰浴，按 1∶9（或工作浓度）的比例与杂交液混合。

②杂交：每张切片加 1 滴 DNA 探针/杂交工作液，加盖玻片，在 70℃干烤箱中作用 5～10min。

再将切片放入湿盒中，42℃作用 4～8h。

③漂洗：揭掉盖玻片，用 30～37℃的 2×SSC 洗涤 5min，再重复 1 次；用 0.5×SSC 洗涤 15min，再重复 1 次；用 0.2×SSC 洗涤 15min，再重复 1 次。

④封闭：滴加适量封闭液于标本上，37℃作用 30min。去除多余液体，不必冲洗。

⑤免疫结合反应：滴加 1 滴兔抗地高辛-BSA 抗体，37℃作用 20～60min。用 PBS 漂洗 5min，再重复 1 次。滴加 1 滴 HRP-羊抗兔 IgG 酶标第二抗体，37℃作用 20～60min。用 PBS 漂洗 5min，再重复 2 次。

⑥显色：滴加 1～2 滴 DAB（联苯二胺）工作液在标本上，显色 20～30min。

⑦复染：必要时用苏木精染液复染 1min，充分水洗。

⑧封片：乙醇脱水，二甲苯透明，中性树胶封片。

(2) DNA 原位杂交：

①按上述方法配制探针/杂交工作液。

②在组织切片上滴加一滴 DNA 探针/杂交工作液，盖上一张盖玻片。

③将上述切片放在烤箱或加热箱中，95℃作用 10min，以使 DNA 变性。

【结果判定】光镜或电镜观察。阳性细胞内可见棕色粗大颗粒或整个细胞核呈棕色。

二、地高辛标记寡核苷酸探针

【目的要求】掌握斑点核酸杂交的原理和实验方法，了解核酸探针的制备过程。

【实验原理】基本原理同上，只是用地高辛作为一种半抗原标记某一种脱氧三磷酸核苷酸，渗入有缺口的 DNA 链，或通过 PCR 方法合成带有地高辛半抗原的寡核苷酸链，与被检模板结合后，再通过免疫学方法检测。

【实验材料】马立克病病毒核酸探针、被检病料 DNA 样品、地高辛核酸探针诊断试剂盒。

【操作方法】将被检样品进行适当处理后，将已标记好的地高辛核酸探针与之杂交，然后利用 HRP 或 AP 标记的酶标抗体与之反应。本探针可用于原位杂交或斑点杂交，下面以斑点杂交为例介绍其操作方法。

1. 点样 剪取适当大小的尼龙膜（或硝酸纤维素膜），在三蒸水中漂洗 5min，再将其放在盛有 10×SSC 缓冲液的平皿中浸泡 10min。取出尼龙膜放在滤纸上干燥。将提取的样品 DNA 溶解，100℃煮沸变性 10min，立即置冰浴中 5min。用铅笔在膜上标好位置，将 DNA 点样于膜上，每个样品一般点 5μL（2～10μg DNA）。

2. 烤膜 将点好样的尼龙膜 80℃干烤 2h。然后夹在灭菌的滤纸之间，室温保存备用。

3. 预杂交 将尼龙膜放入杂交袋中，加入适量的杂交液（每 100cm^2 的尼龙膜加

20mL），封口，42℃水浴30min。

4. 斑点杂交 取一个Eppendorf管，加入2μL探针和100μL三蒸水，混匀后沸水浴5min，然后立即放入冰浴中冷却。将已变性的核酸探针加入含10mL杂交液的新杂交袋中，再把尼龙膜放入杂交袋中，封口，40℃水浴12h或过夜。

5. 洗膜 将尼龙膜放入盛有20mL洗膜缓冲液的平皿中，漂洗5min，再重复1次。然后放入含20mL洗膜缓冲液的杂交袋中，封口，68℃水浴15min，再重复1次。

6. 免疫结合反应 将尼龙膜放在马来酸缓冲液中漂洗5min，再放入盛有10mL 1‰封闭液的平皿中浸泡30min。倒掉封闭液，加入10mL新的封闭液和2mL抗地高辛抗体，37℃反应30min。然后用10mL的马来酸溶液将尼龙膜漂洗2次，每次15min。

7. 显色 将尼龙膜放入含10mL显色液的杂交袋中，封口，置暗处显色。每10min观察一次，待出现预期的结果时用三蒸水漂洗尼龙膜5min，终止反应。

【结果判定】肉眼观察，阳性斑点为棕褐色，阴性无色或仅有印迹。

【注意事项】核酸探针检测的干扰因素较多，如酶标抗体失活，则出现假阴性，如果酶标抗体浓度太高，又会使背景颜色过深，因此在正式实验前，要进行预实验，以确定各种生物试剂的最佳工作浓度，正式实验时要设阳性和阴性对照。

（常维山编写，柴家前、郭慧君审稿）

实验十二　B 淋巴细胞及其功能的检测

B 淋巴细胞表面具有多种表面标志和受体，据此建立了多种体外检测方法，借以鉴定和计数外周血和淋巴组织中的 B 淋巴细胞。B 淋巴细胞膜表面免疫球蛋白（surface membrane immunoglobulin，SmIg）是 B 淋巴细胞特有的标志，专一性强。检测方法多种多样，一般常用荧光素标记的抗 Ig 抗体做免疫荧光染色，也可用分别抗 IgG、抗 IgM 等抗体检测带不同 SmIg 的 B 淋巴细胞。目前已研究建立了用荧光标记的葡萄球菌 A 蛋白（FITC-SPA）菌体作为标示物，进行 B 淋巴细胞 SmIg 的检测。

B 淋巴细胞表面受体有补体、Fc 受体等。补体受体是某些血细胞表面能与 C3 或 C4 活化组分相结合的一种细胞膜结构。现知 B 淋巴细胞、单核细胞、巨噬细胞、嗜中性粒细胞和嗜酸性粒细胞以及红细胞等均带有补体受体，但 T 淋巴细胞无此受体。因此普遍认为补体受体是 B 淋巴细胞区别于 T 淋巴细胞的一种膜标志。常用检测方法有 EAC 花环试验、FBC 花环试验以及酵母多糖-补体复合物花环试验等。B 淋巴细胞的 Fc 受体主要与 IgG（IgG_1）的 Fc 段结合，与 IgM 和 IgG_{2b} 仅呈微弱结合，而不与 IgG_{2a}、IgA 结合，可用热聚合 IgG 免疫荧光技术或 EA 花环试验检测。除 B 淋巴细胞外，巨噬细胞、嗜中性粒细胞以及一些活化的 T 淋巴细胞也有 Fc 受体。因此，Fc 受体不是 B 淋巴细胞的特异标志。另外，发现人 B 淋巴细胞表面还具有小鼠红细胞受体和 Epstein-Barr 病毒受体。

一、B 淋巴细胞 SmIg 检测法（荧光标记-SPA 菌体法）

【目的要求】掌握 B 淋巴细胞 SmIg 检测（荧光标记-SPA 菌体法）的试验方法。

【实验原理】B 淋巴细胞表面的 SmIg 能与相应的特异性抗体结合，故可用荧光标记的抗全 Ig 抗体做免疫荧光染色镜检。由于 B 淋巴细胞在分化过程中最先出现 SmIg，故该法可检出全部 B 淋巴细胞。B 淋巴细胞表面最先出现 IgM，以后相继出现 IgG、IgD、IgA 等表面免疫球蛋白。而葡萄球菌 A 蛋白（SPA）能与许多哺乳动物 IgG 的 Fc 段发生非特异性结合，并且这种反应也发生于膜表面的 IgG，所以可以用荧光标记的 SPA 菌体（FITC-SPA）替代 FITC-抗 IgG 检测 SmIg 阳性 B 淋巴细胞。凡与 FITC-SPA 结合的细胞，在荧光显微镜下可见到细胞表面或周围布满许多呈黄绿色荧光的菌体，即为 SmIg 阳性细胞，亦即 B 淋巴细胞。

【实验材料】

1. 抗凝剂　200U/mL 肝素生理盐水溶液。

2. 动物抗凝血　加抗凝剂采取动物全血（本实验被检动物全血为豚鼠心脏采血，抗凝剂与豚鼠心血的体积比为 1∶3）。

3. 菌体试剂 冻干荧光葡萄球菌 A 蛋白（FITC-SPA）菌体试剂，用时按要求进行稀释。

4. 淋巴细胞分层液 相对密度为 1.077～1.078（或 1.082～1.084）。

5. Hank's 液 pH 为 7.2，含 5% 小牛血清。

【操作方法】

1. 淋巴细胞分离及悬液的制备

（1）动物淋巴细胞的分离：取肝素抗凝血 2mL，用淋巴细胞分层液进行密度梯度离心，获取淋巴细胞。

（2）淋巴细胞悬液的制备：用 pH7.2 Hank's 液水平离心洗涤淋巴细胞 3 次，每次 2 000r/min 离心 15min，最后弃上清，沉淀物悬浮后计数。再用 Hank's 液配成 2～2.5×10^6 个/mL 的淋巴细胞悬液备用。

2. 淋巴细胞与 FITC-SPA 菌体混悬液的制备

（1）用 pH7.2 Hank's 液处理 FITC-SPA 菌体试剂，制备成 FITC-SPA 菌体悬液。

（2）将淋巴细胞悬液与等量的 FITC-SPA 菌体悬液混合，混匀后 4℃冰箱放置 30min，然后用经 37℃预温的 5% 小牛血清-Hank's 液洗涤离心。

3. 结果观察 取沉淀细胞滴加于洁净的载玻片上，覆以盖玻片，并置荧光显微镜下观察。

【结果判定】凡淋巴细胞表面黏附 5 个以上菌体的细胞为 SmIg 阳性细胞。一般先用暗视野计算荧光阳性细胞数，继而用明视野计算同一视野中的淋巴细胞总数。每份标本至少计算 200 个淋巴细胞，并求出荧光阳性细胞百分率，同时按原血标本中淋巴细胞的总数计算 B 淋巴细胞的绝对值。

【注意事项】

（1）用 FITC-SPA 菌体染色法检测 SmIg 阳性细胞，与其他方法具有良好的一致性，特异性强、荧光亮度好、操作迅速简便，加之目前已有商品供应，可使本方法标准化。

（2）被检淋巴细胞数量的多少会影响淋巴细胞的检出率。过多或过少时，除难以计算外，染色背景明暗不均，着染与不着染的细胞有时难以区别。一般以 2～2.5×10^6 个/mL 细胞浓度较为适宜，用台盼蓝排除试验，活细胞数应不少于 95%。

（3）一般 SmIg 阳性 B 淋巴细胞表面或周围均可布满呈黄绿色荧光的菌体，很少见到表面只黏附 2～3 个菌体的细胞。

（4）每个 B 淋巴细胞表面可带不同类别的 Ig，即 IgM、IgG、IgA 等，如果分别用单价荧光抗 Ig 血清染色，则可鉴别带不同 Ig 的淋巴细胞。

二、EAC 花环试验

【目的要求】通过本实验掌握 EAC 花环试验的方法。

【实验原理】EAC 花环试验是红细胞-抗红细胞抗体-补体（erythrocyte-antibody-complement，EAC）花环试验的简称。B 淋巴细胞上带有补体受体，这一受体仅能与活化的 C3，即 C3 裂解成分 C3b、C3d 呈特异性结合。因此测定 B 细胞补体受体时，必须有活化的 C3 以及能显示活化 C3 与相应受体结合的指示系统。红细胞（E）可与相应抗体（A）相结合形成抗原-抗体复合物（EA），以红细胞作为指示细胞。EA 复合物通过传统途径激活补体而生成活化的 C3，然后 EA 与活化的 C3 结合形成 EAC，当 EAC 中的 C_3' 与 B 细胞等细胞上的补体受体相结合时，EAC 即围绕周围形成花环。淋巴细胞中，B 淋巴细胞有补体受体，而 T 淋巴细胞则无补体受体，因此 EAC 花环试验可检测带有补体受体的淋巴细胞。

【实验材料】

1. **抗凝剂**　200U/mL 肝素生理盐水溶液。

2. **被检动物抗凝血**　加肝素抗凝剂采取被检动物全血，抗凝剂与动物全血的体积比为 1∶3。

3. **淋巴细胞分层液**　相对密度为 1.077～1.078（或 1.082～1.084）。

4. **Hank's 液**　pH 为 7.2。

5. **红细胞悬液**　取新鲜抗凝绵羊（或鸡）血液，用生理盐水（或 Hank's 液）洗涤 3 次，最后配成 4% 的红细胞悬液。

6. **抗红细胞抗体**（以鸡的红细胞为例）　选用体重 3～4kg 的健康家兔，用以 Hank's 液洗过 3 次的压积鸡红细胞进行免疫，第 1 次 0.5mL，皮内注射，以后隔日注射 1 次，每次递增 0.5mL，从第二次开始，均为皮内、皮下多点注射。共注射 5～7 次，末次注射后 7d 试血，测定红细胞凝集抗体效价，若达 1∶2 000 以上时即可应用。应用时采用凝集价的 1/2（亚凝集价）作为抗血清的稀释度（即 1∶4 000）。

抗羊红细胞抗体（溶血素）可以自生物制品厂购入，也可以自己制备。

7. **补体**　取健康成年小鼠用乙醚麻醉后，剪开胸部皮肤暴露腋窝，剪断腋窝动脉放血，每只可取血 1mL 以上。也可用摘除眼球的方法进行采血。待血凝后，37℃放置 30min，继续在 4℃冰箱放 2h，离心分离血清，加入 10% 的经洗涤的红细胞，放 4℃冰箱过夜吸收，离心除去对红细胞的天然抗体，即为补体。也可用豚鼠进行心脏采血，分离血清用作补体；也可用冻干补体按一定效价稀释后应用。

【操作方法】

1. **淋巴细胞悬液的制备**　取被检动物肝素抗凝血 2mL，用淋巴细胞分层液进行密度梯度离心获取被检动物的淋巴细胞。用 pH7.2 的 Hank's 液水平离心洗涤淋巴细胞 3 次，每次 2 000r/min 离心 15min，最后弃上清液，沉淀物悬浮后计数，用 pH7.2 的 Hank's 液配成细胞浓度为 $(2～2.5)\times10^6$ 个/mL 的淋巴细胞悬液备用。

2. **EAC 悬液的制备**（以鸡红细胞 EAC 花环为例）　取 4% 鸡红细胞悬液 1mL，加入以 Hank's 液稀释的 1∶4 000 抗鸡红细胞抗体 1mL，混匀，37℃水浴 15min 或 37℃温箱作用 30min；离心弃上清液，用 Hank's 液将沉淀（EA）恢复为 1mL；加入等量的 20% 小鼠血清或 1% 豚鼠血清（补体），37℃水浴 15min 或 38℃温箱作用 30min，即为 EAC 悬液。

3. **花环形成试验**　取已制备好的动物淋巴细胞悬液 0.2mL，加入 EAC 悬液 0.2mL，混匀，37℃水浴或温箱作用 30min，500r/min 离心 5min，弃上清液。加入 1% 戊二醛 0.1mL，混匀后置 4℃固定。

4. **结果观察**　取上述 4℃固定的细胞悬液滴加于洁净的载玻片上，自然干燥，用姬姆萨染液或美蓝染液进行染色。所制标本片可用普通光学显微镜的高倍镜或油镜进行观察。

【结果判定】　以镜下检查 200 个淋巴细胞总数为准，凡吸附 3 个以上红细胞的淋巴细胞为 EAC 花环形成细胞，计算花环形成率，计算公式如下：

EAC 花环形成率＝EAC 花环形成细胞数÷200 个淋巴细胞总数×100%

【注意事项】

(1) EAC 花环试验应选用细胞膜上无补体受体的红细胞，如绵羊、牛、豚鼠、鸡或鸽的红细胞。有补体受体的红细胞制备的 EAC 易互相自凝，不宜采用。绵羊红细胞是目前应用最广的一种红细胞，虽然它有和人及某些动物的 T 淋巴细胞形成 E 花环的特性，抗绵羊红细胞抗体也不能阻断绵羊红细胞与 T 细胞的结合，但只要将反应温度控制在 37℃，并且最好用胰酶对绵羊红细胞进行预处理，T 细胞 E 花环的形成是可以避免的。鸡或鸽的红细胞大而呈椭圆形，且有核，所以一些实验室也多有采用。尤其是鸡红细胞易与绵羊红细胞相区别，所以鸡红细胞也较多用于检测双标记细胞。

(2) 豚鼠及小鼠血清均可作为补体用，但以小鼠血清为好。小鼠血清中 C3 灭活剂 (KAF) 含量较高，EA 与小鼠血清经 37℃共温 10min 后，C3b 分子逐步裂解产生 C3d，但在 30min 内仍保留有足够的 C3b，可与 C3b 受体相结合。由于小鼠血清溶血能力低，而且能同时测定 C3b 和 C3d 受体，对 EAC 花环试验不甚适用。有些品系的小鼠（如 AKR 和 DBA）的补体系统中缺乏 C_5，取这种小鼠的血清作为补体更为理想。

(3) EAC 花环试验的抗体是 IgM 类，如其中混杂有 IgG 类抗体，则 EA 容易和带有 Fc 受体的细胞形成 EA 玫瑰花环，影响试验的精确性。因此最好将抗红细胞抗体血清进一步纯化，从中提取 IgM 类抗体。

(4) EAC 花环形成受所用抗血清和补体浓度的影响。正式试验时，要用不同稀释度的补体做方阵滴定试验，以选择抗血清和补体的最适稀释度。

(5) 加入淋巴细胞与红细胞的比例以 1∶40 为宜，淋巴细胞过少，花环形成率明显降低。

(6) 淋巴细胞、红细胞、补体均须新鲜，否则花环形成率明显下降。

（蒋大伟编写，姜世金、赵鹏审稿）

实验十三 T 淋巴细胞及其功能的检测

一、E-玫瑰花环试验

【目的要求】掌握淋巴细胞分离方法和 E-玫瑰花环试验的操作方法，认识花环形态并掌握 T 细胞百分率的计算方法。

【实验原理】T 淋巴细胞具有结合绵羊红细胞（SRBC）的性质，其分子基础是人 T 淋巴细胞、NK 细胞、胸腺细胞及一部分单核细胞表面存在 CD_2 分子，即绵羊红细胞受体（ER），而 SRBC 上存在 ER 的配体 CD_{58}，因此能黏附到 T 淋巴细胞周围形成玫瑰花结，即红细胞玫瑰花环，故取名为 E-玫瑰花环（erythrocyte rosettes），该试验称为 E-玫瑰花环试验（erythrocyte rosettes assay）。人和各种动物的 T 淋巴细胞也可与其他动物的红细胞结合形成 E-玫瑰花环。例如豚鼠（马）T 淋巴细胞能与家兔（绵羊或豚鼠）红细胞形成 E-玫瑰花环。因此，凡能与红细胞形成 E-玫瑰花环的淋巴细胞简称为 E-花环形成细胞（erosette forming cell，ERFC）。该试验常用于检测 T 淋巴细胞的数量和比例以及间接反映机体的细胞免疫功能状况。

【实验材料】
(1) 肝素钠（250U/mL）。
(2) D-Hank's 液。
(3) 淋巴细胞分离液（聚蔗糖-泛影葡胺）：相对密度 1.077±0.001，低温避光保存。
(4) RPMI1640 液。
(5) 小牛血清。
(6) 0.8% 戊二醛溶液。
(7) 甲醇。
(8) 瑞氏-姬姆萨染色液。
(9) 实验器材：注射器、华氏管、15mL 离心管、2mL（或 5mL）吸管、水平离心机、水浴箱、载玻片。

【操作方法】
(1) 将 2mL 豚鼠肝素抗凝血（每毫升血液加 15～20U 肝素钠）加等量 D-Hank's 液混合后，沿离心管壁用毛细管缓缓加于 2mL 淋巴细胞分离液表面，置水平离心机，于 20℃下 1 500r/min 离心 30min。然后用毛细管沿管壁周缘轻轻吸取血浆与分离液之间的乳白色淋巴细胞层（图 13-1），再用 D-Hank's 液分别以 1 800r/min 和 1 400r/min 离心 10min，各洗涤 1 次，弃上清液，将沉淀细胞再用 RPMI1640 液配成 (1～2)×10^6 个/mL

的细胞悬液。

(2) 取适量兔肝素抗凝血（每毫升加血液 15～20U 肝素钠），加 D-Hank's 液，以 1 500 r/min 离心 5min，洗涤 3 次后，将压积的红细胞以 D-Hank's 液配成 1% 红细胞悬液（约 2×10^8 个/mL）。

(3) 取 0.1mL 淋巴细胞悬液，加入等量 1% 红细胞悬液和 0.1mL 小牛血清混匀。

(4) 37℃水浴 15min，500r/min 离心 5min，取出（可直接取样，滴加在事先滴有美蓝染液的载玻片上，计数早期 RE 花环）。

(5) 4℃作用 20min，小心吸弃上清液，沿管壁滴加 0.8% 戊二醛溶液 0.1mL，轻轻转动试管小心混匀。

(6) 4℃固定 15min，将洁净的载玻片用 Hank's 液沾湿，滴一小滴细胞悬液，让其自然散开即可。

(7) 自然干燥后，滴加甲醇固定 5min，滴加 3～5 滴瑞氏-姬姆萨染色液染色约 1min 后，滴加缓冲液 5～10 滴，轻轻摇动玻片使之充分混合，5～10min 后水洗，吸干后用高倍显微镜观察。

【结果判定】结合有 3 个或 3 个以上红细胞的判为 1 个 E-玫瑰花环（图 13-2）。检查 200 个淋巴细胞，按下列公式计算 E-玫瑰花环形成率，即 T 淋巴细胞百分率：

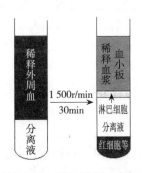

图 13-1　淋巴细胞的分离

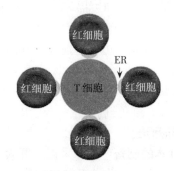

图 13-2　E 玫瑰花环

$$\text{E-玫瑰花环（T 淋巴细胞）形成率} = \frac{\text{E-玫瑰花环数}}{\text{计数的淋巴细胞总数}} \times 100\%$$

二、T 淋巴细胞酸性 α-醋酸萘酯酶染色法

【目的要求】掌握 T 淋巴细胞酸性 α-醋酸萘酯酶染色方法及阳性 T 淋巴细胞的判定和百分率计算方法。

【实验原理】T 淋巴细胞的胞质内含有酸性 α-醋酸萘酯酶（acid α-naphthyl acetate esterase，ANAE），可以水解 α-醋酸萘酯，产生醋酸和 α-萘酚，其中 α-萘酚可与六偶氮副品红偶联生成不溶性的红色偶氮副品红萘酚，沉积在 T 淋巴细胞胞质内酯酶存在的部位，经甲基绿复染，反应呈现单一或散在的深红色颗粒或斑块，而 B 淋巴细胞无此反应。

【实验材料】

(1) 肝素钠（250U/mL）。

(2) D-Hank's 液或生理盐水。

(3) 淋巴细胞分离液（聚蔗糖-泛影葡胺）：相对密度 1.077±0.001，低温避光保存。

(4) 2.5％戊二醛固定液：25％戊二醛溶液 1mL 加入 9mL 0.1mol/L 磷酸盐缓冲液（pH7.4），混合，置 4℃冰箱保存备用。

(5) 染色液：

①4％副品红溶液：取 4g 副品红加入 2mol/L HCl 100mL，37℃溶解过滤，4℃保存备用。

②4％亚硝酸钠溶液（现用现配）：取 400mg 亚硝酸钠，加入双蒸水 10mL，振荡溶解。

③α-醋酸萘酯溶液：取 2g α-醋酸萘酯溶于乙二醇单甲醚（或丙酮）100mL 中，储存于棕色瓶内，于 4℃保存。

④0.067mol/L PB 液（pH7.6）：

甲液：KH_2PO_4 9.08g 溶于 1 000mL 双蒸水。

乙液：Na_2HPO_4 9.47g 溶于 1 000mL 双蒸水。

取甲液 13mL，加入乙液 87mL，即为 0.067mol/L PB 液（pH7.6）。

⑤甲基绿复染液：取 2g 甲基绿，加 100mL 双蒸水中，37℃溶解，4℃保存备用。

应用染色液（孵育液）的配制（现用现配）：取 1.5mL 亚硝酸钠溶液缓慢滴入 1.5mL 的副品红液中，边加边摇匀，副品红液由红色变为浅黄色，混合后，静置 1～2min。将此混合液倒入 44.5mL 0.067mol/L PB 液（pH7.6）中，充分混合后，再缓慢加入 α-醋酸萘酯溶液 1.25～2.5mL，边加边搅拌，并用 1mol/L 氢氧化钠调节 pH 至 5.5～6.5（依物种而异），过滤备用。

⑥实验器材：注射器、华氏管、15mL 离心管、2mL（5mL）吸管、水平离心机、水浴箱、载玻片、染色缸。

【操作方法】

1. 标本的制备 静脉采血，肝素抗凝，淋巴细胞分离，按照 E-玫瑰花环试验中介绍的方法进行操作。以此淋巴细胞做涂片，自然干燥后，以 2.5％戊二醛 4℃固定 10min，充分水洗。

2. 染色镜检 于固定的标本片上滴加应用染色液，以覆盖为度，37℃温育 60～90min，或室温作用 2h，蒸馏水冲洗。干燥后用 1％甲基绿复染 10～30s，蒸馏水冲洗，自然干燥，油镜下镜检。

【结果判定】凡胞质内有深红色块状或点状颗粒者为 ANAE 阳性细胞（T 淋巴细胞），不同细胞内颗粒大小不等，数量不一。胞质内无颗粒者为 ANAE 阴性细胞（B 淋巴细胞）。单核细胞的颗粒呈均等的红色。查计 200 个淋巴细胞，计算出相应阳性淋巴细胞（T 淋巴细胞）的百分率。

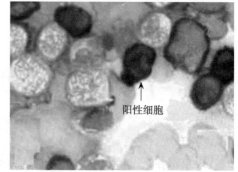

图 13-3 酸性 α-醋酸萘酯酶染色阳性细胞

【注意事项】

(1) 本试验对染色剂的 pH 要求比较严格，否则不易染上，一般用 pH 计测定。染色时间因动物而异，具体可参考表 13-1。

表 13-1　人与几种动物酯酶染色的最适 pH 与染色时间

动物	最适 pH	最适染色时间（h）
人	6.5	1
猫	5.5	6
犬	6.0	1
兔	5.5	6
豚鼠	6.0	5
大鼠	6.5	1
小鼠	6.5	1
猪	7.0	4
绵羊	6.0	1
山羊	6.5	1
马	6.1	2
驴	6.0	1.5
鸡	6.0	1.5

（2）制片后迅速固定，以免细胞死亡破裂，酶外溢，造成假阴性。固定液用 2.5% 戊二醛效果好，标本清晰，颗粒鲜明。

（3）所用试剂最好是分析纯。所有器皿必须洗净，用蒸馏水冲洗，且专用。染色液要用时现配，配完立即应用，放置时间稍长即出现沉淀，影响染色效果。

（4）有人认为用碱性品红可代替副品红，丙酮可代替乙二醇单甲醚，孔雀绿可代替甲基绿。

三、流式细胞术测定 T 细胞亚群

【目的要求】 掌握流式细胞术测定 T 淋巴细胞亚群的方法，计数外周血淋巴细胞各亚群占总淋巴细胞的百分率。

【实验原理】 流式细胞术（flow cytometry，FCM）是指借助荧光激活细胞分类仪（fluorescent activated cell sorter，FACS）对细胞进行快速鉴定和分类的技术。其原理是样品与经多种荧光素标记的抗体反应，通过接受不同波长的荧光素发射光，可同时分析细胞表面多个膜分子表达及其水平，从而可检测各类免疫细胞、细胞亚类及其比率。同时，微滴通过电场时出现不同偏向，借助光电效应可分类收集所需细胞群或亚群。

根据 T 淋巴细胞在分化过程中表面抗原的不同，采用 FCM，用 T 淋巴细胞相应的 CD 分子的单克隆抗体可对 T 细胞亚群进行检测。通常以 CD_3 代表 T 淋巴细胞总数；CD_4 代表 T_H/T_I 淋巴细胞；CD_8 代表 T_S/T_C 淋巴细胞；CD_4/CD_8 淋巴细胞的比值是反映免疫系统内环境稳定的一项最重要的指标。

【实验材料】

1. 淋巴细胞亚群分析试剂盒　其组分如下：

（1）试剂 A：CD_{45}/CD_{14}，FITC/PE，用于淋巴细胞圈门。CD_{45}-FITC 识别所有白细胞；CD_{14}-PE 识别单核细胞及少量粒细胞。

（2）试剂 B：$MIgG_1/MIgG_1$，FITC/PE，同型对照。$MIgG_1$ 同型对照用于设定阴性范围，消除非特异性荧光的干扰。

(3) 试剂 C：CD_3/CD_{19}，FITC/PE，用于确定 T 淋巴细胞和 B 淋巴细胞百分率。CD_3-FITC 识别所有成熟 T 淋巴细胞；CD_{19}-PE 识别所有 B 淋巴细胞。

(4) 试剂 D：CD_3/CD_4，FITC/PE，用于确定辅助性 T 淋巴细胞（$CD_3^+CD_4^+$）占总淋巴细胞的百分率。CD_4-PE 识别辅助性 T 细胞（T_H/T_I）及单核细胞。

(5) 试剂 E：CD_3/CD_8，FITC/PE，用于确定抑制性 T 淋巴细胞（$CD_3^+CD_8^+$）占总淋巴细胞的百分率。CD_8-PE 识别抑制性 T 细胞（T_S/T_C）及 NK 细胞。

(6) 试剂 F：CD_3/CD_{16+56}，FITC/PE，用于确定 T 淋巴细胞和 NK 细胞的百分率。CD_{16} 与 CD_{56} 抗体识别 NK 细胞。

(7) 试剂 G：10×红细胞裂解液，60mL。用于裂解红细胞，利于分析外周血白细胞。

2. FACS 流式细胞仪 美国 Becton Dickinson 公司生产。

【操作方法】

1. 标本采集及制备 采集外周肝素抗凝静脉血 1mL，采集后须在 6h 内进行染色分析。检测的外周血白细胞浓度在 $(3.0\sim10.0)\times10^3$ 个/μL。

2. 染色及固定细胞

(1) 每份标本用 6 只 12mm×75mm 流式管，分别标上标本号（1、2、3、4、5、6）和管号（A、B、C、D、E、F）。

(2) 各取 20μL 试剂 A、B、C、D、E、F 依次分别加入到相应管中。

(3) 向每份标本的试管中准确加入 100μL 抗凝全血，充分混匀，室温避光反应 20~30min。

(4) 每管加入 2mL 红细胞裂解液，充分混匀，室温避光反应 10~12min，至液体透明。

(5) 1 000r/min 离心 5min，弃上清液。

(6) 加入 2mL PBS 洗液，1 000r/min 离心 5min，弃上清液。

(7) 加入 0.5mL 1‰ 甲醛溶液固定细胞，混匀，24h 内上流式细胞仪分析（若细胞染色后立即上流式细胞仪分析，则不需要用甲醛液固定，用 0.5mL PBS 洗液重悬细胞即可）。

3. 上流式细胞仪收获及分析 以荧光微球 calibrite 3-colour 校准仪器光路使其分辨率达到最佳工作状态，采用 BD 公司的 Simul SET 自动软件（或 Cellquest Pro 软件）获取和分析数据。调节电压、阈值、补偿使细胞在图中分布在合适的位置，在 FSC/SSC 图中圈出淋巴细胞群为（R1），SSC/CD_3 图中以 CD_3^+ 细胞群圈门（R2）以排除巨噬细胞、碎片及其他成分的干扰，建立 CD_4/CD_3、CD_8/CD_3 散点图并设置为显示 G3＝R1×R2 门内的细胞，获取细胞总数 10 000 个，根据同型对照设十字门分析 T_H（$CD_3^+CD_4^+$）和 T_S（$CD_3^+CD_8^+$）的表达情况，同时计算出 T_H/T_S 比值。

【结果判定】

外周血淋巴细胞各亚群占总淋巴细胞的百分率，其中包括成熟的 T 淋巴细胞（CD_3^+）、T_H/T_I 淋巴细胞亚群（$CD_3^+CD_4^+$）、T_S/T_C 淋巴细胞亚群（$CD_3^+CD_8^+$）以及 T_H/T_S 淋巴细胞的比值（$CD_3^+CD_4^+/CD_3^+CD_8^+$）。实验结果可参考图 13-4。

【注意事项】

(1) 在测试前需用生产公司提供的质控微球调校流式细胞仪，使其分辨率达到最佳工作状态。

(2) 试剂盒于 2~8℃ 储存，严禁冻存。

(3) 抗体试剂应避光保存，避免直接暴露于光线下。

(4) 孵育时间、温度及离心时间应参照操作说明，否则可能影响实验结果。

(5) 红细胞裂解液（试剂G）的溶血效力受温度影响，用去离子水稀释到1×工作液，使用前要预先平衡至室温（20～25℃）。

(6) 溶血标本不能用于检测。

(7) 抗体试剂中均含有防腐剂叠氮钠，是一种有毒物质，操作时避免与皮肤、黏膜接触。

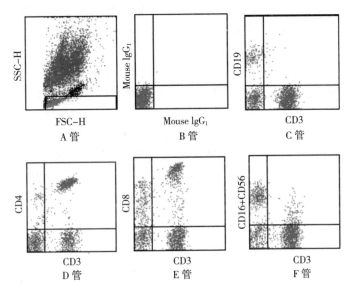

图 13-4 正常人外周血淋巴细胞亚群检测图谱

A管用于淋巴细胞圈门，B～F管显示各管荧光FL1通道（FITC）和荧光FL2通道（PE）散点图

四、淋巴细胞转化试验

【目的要求】掌握淋巴细胞转化试验的两种操作方法及其判定标准。

【实验原理】T淋巴细胞在有丝分裂原（PHA或ConA）或特异性抗原的刺激下可发生转化，产生一系列的变化，如细胞体积增大、细胞质扩大、出现空泡，核仁明显、核染色质疏松、代谢旺盛，向淋巴母细胞转化和增殖等。因此，在PHA或ConA刺激下淋巴细胞转化率的高低可以反映机体的细胞免疫水平，也可用T细胞转化试验检查体内对相应抗原的迟发型变态反应。

体外淋巴细胞转化试验有4种方法，即形态学检测法、MTT检测法、CCK-8检测法和^{3}H胸腺嘧啶核苷掺入检测法。

(1) 形态学检测法：应用PHA在体外刺激淋巴细胞进行淋巴细胞转化试验，在显微镜下观察级数一定数量的淋巴细胞转变为原始母细胞的转化率。形态学方法简单易行，不需要特殊设备，但重复性和客观性较差。

(2) MTT检测法：MTT法即四甲基偶氮唑盐微量酶反应比色法。MTT是一种噻唑盐，化学名3-(4,5-二甲基-2-噻唑)-2,5-二苯基溴化四唑，水溶液为黄橙色。小鼠脾细胞受到 ConA 作用后发生增殖活化，其胞内线粒体琥珀酸脱氢酶活性相应升高，MTT 作为其底物参与反应，形成蓝色的甲臜（formazan）颗粒沉积于细胞内或细胞周围，经有机溶剂如二甲基亚砜（DMSO）、无水乙醇或盐酸-异丙醇等溶解后为蓝色溶液，可用酶标测定仪测定细胞培养物的 OD 值，测定波长 570nm。根据 OD 值的大小计算反应体系中的细胞增殖程度。

(3) CCK-8 (cell counting kit-8) 检测法：原理同 MTT 法，WST-8 由日本同仁化学研究所（Dojindo）开发的，其化学名为 2-（2-甲氧基-4-硝苯基）-3-（4-硝苯基）-5-（2,4-二磺基苯）-2H-四唑单钠盐，是 MTT 的升级替代产品。WST-8 在电子耦合试剂存在的情况下，可以被线粒体内的脱氢酶还原生成高度水溶性的橙黄色的甲臜产物（图 13-5）。颜色的深浅与细胞的增殖成正比，与细胞毒性成反比。使用酶标仪在 450nm 波长处测定 OD 值，间接反映活细胞数量。本方法与 MTT 相比，其重复性好，灵敏度高，对细胞的毒性低，可用于药物筛选、细胞增殖测定、细胞毒性测定、肿瘤药敏试验以及生物因子的活性检测等。

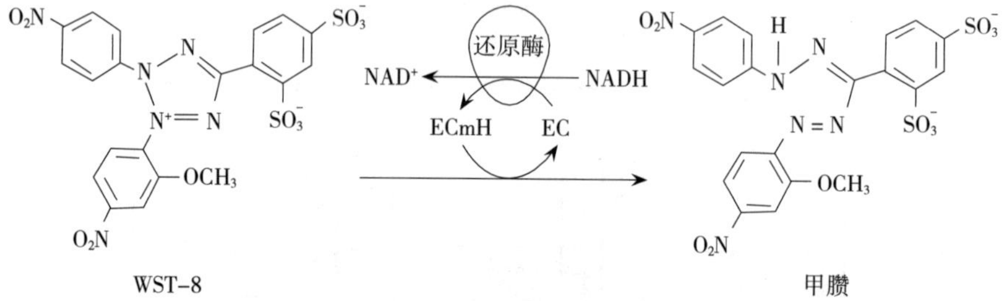

图 13-5　WST-8 的化学结构和反应原理图

(4) ^{3}H 胸腺嘧啶核苷掺入检测法：当 T 淋巴细胞受分裂原（PHA）或特异性抗原刺激发生转化时，呈增生活跃状态，在 S 期核内有大量 DNA 合成，将 ^{3}H-胸腺嘧啶核苷（^{3}H-thymidine, ^{3}H-TdR）加到培养液内，可作为合成 DNA 的原料进入细胞内。根据细胞内 ^{3}H-TdR 的掺入量，可测知细胞增殖的活动状态和程度。本方法较客观、重复性好、结果准确，但存在同位素污染问题。

目前该技术已广泛用于动物机体细胞免疫功能的检测，以及免疫缺陷病、肿瘤等的研究。

（一）形态学检测法

【实验材料】

(1) 肝素钠（250U/mL）。

(2) 1 000μg/mL 植物血凝素（PHA）。

(3) RPMI 1640 液。

(4) 0.075mol/L KCl 溶液或 0.87% NH_4Cl 溶液。

(5) 固定液：甲醇 9 份，冰醋酸 1 份。

(6) 瑞氏-姬姆萨染色液（见 E-玫瑰花环试验）。

(7) 仪器：注射器、水平转子离心机、无菌过滤装置、青霉素瓶，各种试管、吸管、移液器、二氧化碳培养箱等。

【操作方法】
(1) 器材灭菌。
(2) 采被检动物血液 1mL，肝素抗凝。
(3) 取被检动物抗凝血 0.1mL，加入装有 1.8mL RPMI 1640 培养液的青霉素瓶内，同时加入 1 000μg/mL PHA 0.1mL（每毫升培养液加 50～75μg PHA 即可），摇匀，对照管不加 PHA，将细胞置 37℃、5% CO_2 培养 3d，每天摇动 1 次。
(4) 培养结束时吸弃大部分上清液，加入 0.87% NH_4Cl 溶液 4mL，混匀，置 37℃ 水浴 10min，或加入 0.075mol/L KCl 溶液 3mL 混匀，置 37℃ 水浴 20min，以溶解红细胞。
(5) 2 500r/min 离心 10min，弃上清液，沉淀加 5mL 固定液，室温作用 5min。
(6) 同上离心，弃上清液，留 0.2mL 沉淀，轻轻混匀，滴加于洁净载玻片一端，匀速推片，自然干燥。
(7) 玻片上滴加瑞氏-姬姆萨染色液，染色方法参见 E-玫瑰花环试验，干燥。
(8) 油镜观察，计数 200 个淋巴细胞中发生转化的细胞数，计算转化率。

【结果判定】

1. 淋巴母细胞的形态学标准 包括细胞核的大小，核与胞质的比例，胞质染色性，核的构造与核仁的有无（图 13-6）。

(1) 成熟的小淋巴细胞：与未经培养的小淋巴细胞大小一样，直径为 6～8μm，核染色致密，位于细胞中央，无核仁，核与胞质比例大，胞质为轻度嗜碱性染色。

(2) 过渡型淋巴细胞：比小淋巴细胞大，直径 12～16μm，核染色质较粗松，位于中央或稍偏，一般无核仁，胞质稍宽。

(3) 淋巴母细胞：细胞体积增大，直径 12～25μm，形态不整齐，常有小突出，核变大，核质染色疏松，有核仁 1～3 个，胞质变宽，常出现胞质空泡，胞质为嗜碱性染色。

(4) 其他细胞：如嗜中性粒细胞在培养 72h 后，绝大部分衰变或死亡呈碎片状。

  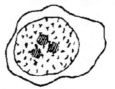

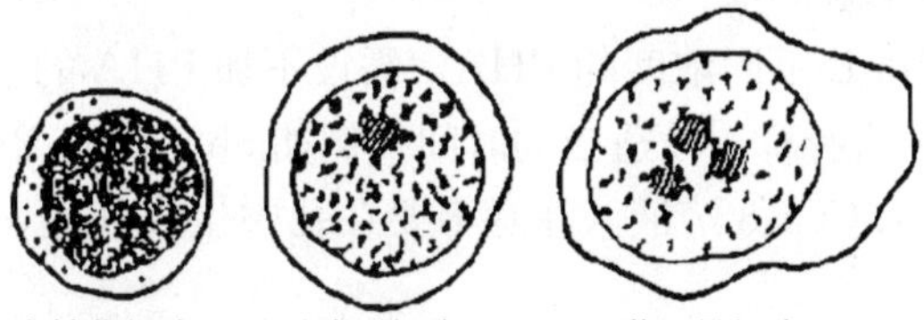

未转化细胞　　过渡型细胞　　淋巴母细胞

图 13-6　淋巴细胞转化过程

2. 计算淋巴细胞的转化率 油镜下观察每张玻片的头、体、尾三段（目的是减少推片中细胞分布不均的误差），每张玻片记数 200～400 个细胞，其中头部 50～100，体部 50～100，尾部 100～200 细胞。按下列公式计算转化率：

$$转化率 = \frac{转化的淋巴母细胞}{淋巴细胞总数} \times 100\%$$

其中转化的淋巴细胞包括淋巴母细胞和过渡型淋巴细胞，未转化的淋巴细胞指的是成熟的小淋巴细胞。正常情况下转化率为 60%～80%。

【注意事项】
(1) 培养液的 pH 对淋巴细胞的转化率影响很大：pH 在 7.2～7.6 之间，转化率良好；

下降到 6.6 左右，转化率降低；下降到 6.2 以下，不转化甚至溶解死亡。经 72h 培养终止时，应维持 pH 在 7.0 左右。

（2）PHA 有粗制品（含多糖蛋白，称为 PHA-M）和精制品（为纯蛋白，称为 PHA-P），应用时应按说明书严格配制。PHA 剂量过大对细胞有毒性，太小不足以刺激淋巴细胞转化，试验前应先测定 PHA 转化反应剂量。

（3）培养时要保证有足够的气体，一般 10mL 培养瓶内液体总量不要超过 2mL。

（4）严格无菌操作。

（二）CCK-8 检测法

【实验材料】

（1）肝素钠（250U/mL）。

（2）D-Hank's 液。

（3）淋巴细胞分离液（聚蔗糖-泛影葡胺）：相对密度 1.077 ± 0.001，低温避光保存。

（4）RPMI 1640 液。

（5）植物血凝素（PHA）。

（6）CCK-8/WST-8 试剂盒。

（7）实验器材：注射器、华氏管、15mL 离心管、2mL（或 5mL）吸管、水平离心机、二氧化碳培养箱、酶标测定仪。

【操作方法】

（1）无菌取静脉血 3mL，用肝素抗凝。

（2）淋巴细胞分离（同 E-玫瑰花环试验），洗涤，弃上清液，加入 RPMI 1640 培养液，重悬细胞，将细胞浓度调整为 2×10^6 个/mL。

（3）在 96 孔板中配置 $100\mu L$ 的细胞悬液，需设仅加培养液的空白对照。将培养板在培养箱预培养 24h（37℃，5%CO_2）。

（4）向培养板加入 $10\mu L$ 不同浓度的 PHA，需设不加 PHA 的空白对照。

（5）将培养板在培养箱孵育一段适当的时间（例如 6h、12h、24h 或 48h）。

（6）向每孔加入 $10\mu L$ CCK8 溶液（注意不要在孔中生成气泡，否则会影响 OD 值的读数）。

（7）将培养板在培养箱内孵育 1~4h。

（8）用酶标仪测定在 450nm 处的 OD 值。

（9）若暂时不测定 OD 值，可以向每孔中加入 $10\mu L$ 的 0.1mol/L HCL 溶液或者 1%（m/V）SDS 溶液，并遮盖培养板，避光保存在室温条件下。24h 内测定，OD 值不会发生变化。

【结果判定】细胞增殖活力按照下面公式计算：

细胞增殖活力＝[A（加 PHA）－A（空白）] ÷ [A（不加 PHA）－A（空白）]×100%

A（加 PHA）：具有细胞、CCK8 溶液和 PHA 溶液的孔的 OD 值；

A（空白）：具有培养基和 CCK8 溶液而没有细胞的孔的 OD 值；

A（不加 PHA）：具有细胞、CCK8 溶液而没有 PHA 溶液的孔的 OD 值。

【注意事项】

（1）由于使用 96 孔板进行检测，如细胞培养时间较长需考虑蒸发的问题。一方面，由于 96 孔板周围一圈最容易蒸发，可以采取弃用周围一圈的办法，改加 PBS、无菌水或培养液；另一方面，可以把孔板置于湿度充分的地方缓解蒸发。

(2) 本试剂盒的检测依赖于脱氢酶催化的反应，如果被检测体系中存在较多的还原剂，例如一抗氧化剂会干扰检测，需设法去除后测定。

(3) 用酶标仪检测前需确保每个孔内没有气泡，否则会干扰测定。

(4) 请穿实验服并戴一次性手套进行上述操作。

五、移动抑制试验

【目的要求】掌握白细胞移动抑制试验的操作方法及其判定标准。

【实验原理】致敏 T 淋巴细胞受到抗原刺激时，可释放移动抑制因子，包括巨噬细胞抑制因子（MIF）和白细胞抑制因子（LIF），这些因子可抑制巨噬细胞或白细胞的正常移动。

【实验材料】

(1) 抗原：根据实验的目的不同而选定。

(2) 致敏动物或被检动物：用抗原免疫实验动物使其致敏。如注射卡介苗的动物或被检结核的动物，则用结核杆菌精制蛋白衍生物（PPD）。

(3) RPMI 1640 液。

(4) 肝素钠（250U/mL）。

(5) Hank's 液。

(6) 毛细玻璃管：内径 0.6～1.0mm，两端粗细一致，长度 7～8cm。用于同一批试验材料的毛细玻璃管的内径最好一致，否则结果误差大。

(7) 平底凹孔玻璃板：凹孔直径 2cm 左右。也可用小玻璃碟或链霉素小瓶（将链霉素小瓶切断，留底部高 1cm 左右，将切口部磨平即可）替代。

(8) 水平转子离心机、蜡烛、砂轮片、小镊子、真空干燥器、石蜡等。

【操作方法】

(1) 从致敏动物或被检动物无菌操作采血 10mL 左右，放入灭菌试管中，肝素抗凝。置 37℃或自然沉降，分离血浆。吸取血浆和沉于红细胞表面的白细胞层，等量加入数只小试管中。

(2) 每管加入 5mL Hank's 液，1 500r/min 离心 10min，弃上清液，重复洗涤两次，弃上清液。

(3) 于试管中加入含有相应抗原的营养液 5mL，使白细胞的浓度为 8×10^7 个/mL，对照管中则只加营养液 5mL，不含相应抗原。混匀，37℃温育 1～2h。

(4) 将试验组和对照组的试管离心，弃上清液，剩下的细胞约 0.3mL，混匀。

(5) 将试管倾斜，插入毛细玻璃管，利用虹吸作用将细胞液吸入毛细管中，约 65mm 处，停止虹吸。同一试验组和对照组各做毛细管 4～5 支，并力求高度一致，做好标记。

(6) 用熔化的石蜡将毛细管封闭，然后倒过来，封端在下，装入小试管中，2 000r/min 离心 5min，使细胞沉积于封固端。

(7) 用砂轮片将毛细管在细胞层与上清液交界处稍靠细胞层一侧划痕折断，细胞层厚 6～10mm。然后用灭菌的凡士林将毛细管粘在凹孔玻璃板中或特制小碟中，开口向中央，同一材料的毛细管为一组,开口相对。将凹孔玻板中倒满营养液,没过毛细管,加盖片封闭。

(8) 放入玻璃干燥器中,点燃蜡烛,盖严干燥器,待蜡烛熄灭后将干燥器置 37℃ 温箱培养 18～24h,取出观察结果。

【结果判定】

1. 显微镜判定　取出小皿置载物台上,用低倍显微镜观察。加有抗原与被致敏动物白细胞的毛细管组,细胞移出面积小,或不移行出;未加抗原的对照组,则细胞移出面积大,两者差异明显。然后观察被检动物组,如已被致敏或感染过该抗原相对应的疾病,则表现出移动受到抑制,否则细胞移动和对照组一样,未受到抑制。

2. 移动抑制指数（MI）　可用求积仪求出面积,或以显微扫描仪将白细胞移动区的半圆形图像描绘在白纸上,剪下图像、称重。按下列公式计算移动指数:

$$移动抑制指数（MI）=\left(1-\frac{加抗原管的细胞移行面积}{未加抗原管的细胞移行面积}\right)\times 100\%$$

一般要求每种条件做 3～4 个毛细管并取平均值,移动抑制率大于 40% 为阳性。

MI 值在 1 左右,表示该抗原对白细胞无明显的抑制作用。如 MI 显著小于 1,则表示该抗原对白细胞有明显的抑制作用,也即表示机体对该抗原有明显的细胞免疫反应。

【注意事项】

(1) 采血、离心和培养等过程均需无菌操作,这是本试验成功的关键。

(2) 毛细管内径的大小一致是本试验准确性的一个重要影响因素。

(3) 移出的细胞主要是多形核白细胞和单核细胞。多形核的细胞移行的最远,靠近毛细管的主要是单核细胞,而淋巴细胞则很少移出。

(4) 抗原也可以直接加入凹孔玻璃板的营养液内而一起孵育。

（田文霞编写,柴家前、赵鹏审稿）

实验十四 免疫血清及卵黄抗体制备技术

一、免疫血清制备技术

【目的要求】 掌握高免血清的制备及检验方法。

【实验原理】 免疫血清的制备是一项常用的免疫学实验技术。高效价、高特异性的免疫血清可作为免疫学诊断的试剂（如用于制备免疫标记抗体等），也可供特异性免疫治疗使用。制备过程主要有抗原纯化，免疫方案和免疫动物选择，免疫血清的采集，测定效价和纯化保存等主要环节。其中，免疫方案包括抗原的剂量、免疫途径、免疫次数以及注射抗原的间隔时间等。

具有免疫原性的抗原可刺激机体相应 B 细胞增殖、分化形成浆细胞并分泌特异性抗体。由于抗原分子表面的不同抗原决定簇为不同特异性 B 细胞克隆所识别，因此由某一抗原刺激机体后产生的抗体，实际上为针对该抗原分子表面不同抗原决定簇的抗体混合物（即多克隆抗体）。另外，抗体的产生具有回忆应答的特点，这是由于记忆性 B 细胞和记忆性 T 细胞参与再次应答所致。在基础免疫的基础上，多次重复注射免疫原，不仅可获得高效价抗体，同时由于抗体亲和力的成熟，抗体的亲和力可明显提高。

【实验材料】

1. 动物 根据不同的实验目的加以选择。

2. 器材 剪刀、镊子、注射器（2mL、50mL）、针头（6 号、9 号）、称量瓶（10mL）、量筒、动物固定架、灭菌三角烧瓶（200mL）、手术器械（1 套）、血管夹、黑丝线、塑料放血管等。

3. 试剂 灭菌生理盐水、纯化抗原、75％乙醇及碘酒；弗氏完全佐剂、弗氏不完全佐剂，置 4℃存放备用。

【操作方法】

1. 免疫程序的选择

（1）以兔抗鸡 IgG 免疫血清的制备为例。每只家兔皮内多点注射 $50\sim200\mu g$ 提纯的鸡 IgG。1 月后，用提纯抗原静脉注射 0.5mg。2 周后试血，如效价低，可加强免疫一次。于最后一次免疫 2 周后，心脏采血致死，分离血清，分装后 $-20℃$ 冻存备用。

（2）以兔抗新城疫病毒高免血清的制备为例。第一次以 50mg/只静脉、腹腔各注射差速离心粗提纯的新城疫病毒抗原。第 7 天重复注射一次。第 14 天改为腹腔、肌肉注射，剂量加倍。第 21 天肌肉注射，100mg/只，四脚掌各 10mg/只。末次注射后第 10 天采血，分离血清。测定 HI 抗体滴度，计算血凝抑制单位。

2. 采血 家兔可采用心脏采血法或颈动脉放血法。

3. 分离血清 将血清置37℃温箱1h，再置4℃冰箱内3~4h或过夜。待血液凝固、血块收缩后，用毛细滴管吸取血清，以3 000r/min离心15min，取上清液，加入防腐剂（终浓度，0.01%硫柳汞或0.1%叠氮钠），分装后置−20℃冰箱中保存备用。

【结果判定】抗鸡IgG抗体可以双相琼脂扩散试验或间接ELISA检测血清的抗体效价，37℃湿盒内过夜扩散，观察结果。抗鸡NDV抗体可以HI抗体来测定。

【注意事项】

（1）免疫用的抗原必须经佐剂完全乳化后才能注射，否则将明显影响抗原的免疫效果。

（2）佐剂一方面可提高特异性免疫反应的效果，获得高效价的免疫血清，但若抗原不纯时，可使抗原中极微量的杂蛋白产生抗体，使免疫血清的纯度受到影响。另外，有些实验动物种系对卡介苗（BCG）过敏，尤其是豚鼠，其次是家兔，当再次注射完全佐剂时，有时可以引起变态反应而导致免疫失败。为此，第二次免疫注射时，应减少佐剂中BCG的含量或改用不完全佐剂，以减少和防止变态反应的发生。

（3）抗原的剂量取决于抗原的种类。免疫原性强的抗原所用剂量相应减少，免疫原性弱的抗原所用剂量相对较多。抗原的用量一般以体重计算。在使用佐剂的情况下，一次注入总剂量以每千克体重0.5mg为宜。如不加佐剂时剂量可加大10倍。另外，免疫周期长者可少量多次注射，免疫周期短者可较大量少次注射。

二、卵黄抗体制备技术

鸡蛋较血清易得，且抗体含量高。这些优点使得卵黄抗体在临床上得到了广泛的应用。卵黄抗体的制备包括抗原的制备，蛋鸡的免疫以及高免鸡蛋的收集，卵黄效价的测定和纯化、储存等环节。

【目的要求】掌握卵黄抗体的制备及检验方法。

【实验原理】鸡卵黄免疫球蛋白（IgY）是鸡卵黄中存在的主要免疫球蛋白。禽类的体液免疫系统是由腔上囊控制的，当机体受到外界特异性抗原的刺激后，诱发一系列的免疫应答反应，激发B细胞分化成为能分泌特异性抗体的浆细胞，分泌的大量特异性抗体进入血液中。在产蛋禽体内，血液中的特异性抗体又可逐渐移行到卵巢，并在卵黄中蓄积。

【实验材料】

1. 动物 产蛋鸡。

2. 器材 注射器（2mL）、匀浆机等。

3. 试剂 免疫用抗原、灭菌生理盐水、新洁尔灭等。

【操作方法】

1. 蛋鸡免疫 健康产蛋母鸡隔离饲养后进行免疫，免疫方法可选皮下、皮内、肌肉、静脉、腹股沟等注射或口服等。最常用的方法是胸肌多点注射，一般加强免疫3次，程序如下：

（1）胸肌多点注射100μg弗氏完全佐剂充分乳化的抗原。

（2）14d后，胸肌多点注射100μg弗氏不完全佐剂充分乳化的抗原。

（3）28d及28d后，再重复免疫2次。

免疫抗原有多种,包括人和动物疾病的病原体以及细胞、激素、各种蛋白等。如要维持高产量,每隔一个月后要强化免疫一次。

2. 鸡蛋的收集 3次免疫后10d用双相琼脂扩散试验等方法检测卵黄抗体的效价,当效价达到要求后(一般AGP效价应在1∶64以上)开始收集高免鸡蛋。

3. 卵黄抗体的粗制

(1) 用清水洗去蛋壳表面污物,然后用0.5%新洁尔灭浸泡10~20min,晾干。

(2) 无菌分离蛋黄,加入适量生理盐水、抗生素和防腐剂;用高速组织捣碎机搅拌,过滤、分装,经无菌检验和安全检验合格后,冻存备用。

4. 卵黄抗体的分离与提纯 卵黄抗体的分离方法有海藻酸钠法、氯仿法、水稀释法、聚乙二醇(PEG)法等。卵黄抗体的提纯方法有盐析法等。

(1) 海藻酸钠法分离:100mL 20%卵黄液加等体积蒸馏水,调pH至6.0;加7%的海藻酸钠1.4mL,4%NaCl 1mL,冻融3次;6 000~8 000r/min,离心30min,取上清,调pH至7.2,用于进一步盐析、纯化。

(2) 氯仿法分离:将卵黄液、生理盐水、氯仿按体积比1∶2∶2混合,混匀后室温放置2h,3 000~4 000r/min离心20min;上清液可用盐析法进一步提纯。

(3) 水稀释法分离:将卵黄液用10倍水稀释,调节pH至5.2,4℃静置6h以上;离心去除颗粒,上清液可用硫酸盐沉淀浓缩,并经超滤等方法进一步纯化、浓缩。

(4) 聚乙二醇(PEG)法分离:分离卵黄液,用9倍体积的蒸馏水稀释,4℃放置6h;6 000r/min离心留上清获得卵黄水溶性组分;加入PEG-8000使浓度分别为6%、7%、8%、9%、10%,混合溶解均匀后,4℃放置30min,4℃、10 000r/min离心5min,取沉淀用等量的PBS溶解;将溶液用PBS透析24h,适时换液,过滤除菌,4℃保存备用。

(5) 盐析法提纯:粗提后的卵黄液用50%饱和硫酸铵沉淀,离心,弃上清液,沉淀用0.85%生理盐水溶解;用33%饱和硫酸铵沉淀、离心,弃上清液,沉淀用生理盐水溶解;再用硫酸铵重复沉淀一次;沉淀用生理盐水溶解,加青霉素、链霉素至终浓度各为1 000U/mL,备用。

(徐建生编写,常维山、李建亮审稿)

实验十五 单克隆抗体制备技术

【目的要求】了解制备单克隆抗体的原理、主要步骤、操作方法及其成功的关键,熟悉单克隆抗体与多克隆抗体的不同特点。

【实验原理】在制备单克隆抗体的过程中,需要两种细胞,其中小鼠骨髓瘤细胞能在体内外无限增殖;免疫小鼠脾细胞具有产生抗体的能力,但不能在体外无限增殖。采用化学融合剂——聚乙二醇(polyethylene glycol,PEG)可将这两种细胞融合成杂交瘤细胞,这种细胞具备了两个亲代细胞的主要特征,既能在人工培养中无限增殖,又能产生特异性的抗体。由于每一个免疫的淋巴细胞只能对某个单一的抗原决定簇产生特异性抗体,因而将其克隆化后,形成了单克隆细胞系,该细胞系只产生大量单一的高纯度抗体,即单克隆抗体(monoclonal antibody,McAb)。

细胞融合培养时加入 HAT(H 为次黄嘌呤、A 为氨基蝶呤、T 为胸腺嘧啶)选择系统,目的是保证只有杂交瘤细胞能在此选择培养基中生长。融合细胞能在 HAT 选择性培养基中生长的原理是:在 HAT 系统中,A 阻断了核酸合成的主要途径,这时正常细胞可以通过"补救途径",由胸腺嘧啶激酶(TK)和次黄嘌呤鸟嘌呤磷酸核糖转移酶(HGPRT)利用 T 和 H 合成核酸。骨髓瘤细胞因缺乏 HGPRT 不能利用"补救途径",所以在 HAT 系统中不能存活。而骨髓瘤细胞和脾细胞融合的杂交细胞,从正常的脾细胞获得了 HGPRT,故能够存活下来。正常脾细胞没有在体外长期生长的能力,所以随着培养时间的延长亦死去,最终能够在体外长期存活的只能是杂交瘤细胞。

【实验材料】

(1) BALB/c 小鼠,8~12 周龄,雌雄均可。

(2) 小鼠骨髓瘤细胞 SP2/0。

(3) 基础培养液为 RPMI 1640 或 DMEM 培养基,补加 0.2% 的 $NaHCO_3$,用 1mol/L HCl 调节 pH 至 6.8~7.0,过滤除菌。完全培养液为含 10%~20% 胎牛血清的基础培养液,补加 L-谷氨酰胺 1mmol/mL。必要时,在培养基中加入 1% 丙酮酸钠、1% 非必需氨基酸有助于细胞的生长。

(4) HAT 选择培养液为含 2% HAT(50×HAT)储存液的完全培养液;HT 选择培养液为含 2% HT(50×HT)储存液的完全培养液。

(5) 高压灭菌的 50% 聚乙二醇(PEG)溶液:取 PEG(分子质量为 1 000~4 000u)1g,加入 1mL 基础培养液,混匀,高压灭菌。

(6) 主要仪器设备:二氧化碳培养箱、液氮罐、倒置显微镜、水平式离心机、生物安全柜或超净工作台;灭菌塑料器材:96 孔细胞培养板、96 孔 ELISA 板、5mL 和 10mL 一次性塑料注射器；灭菌玻璃器材：不同规格的吸管、离心管、平皿、不同大小的玻璃瓶等；灭菌金属器材：灭菌眼科剪子、眼科镊子等。

【操作方法】

1. 免疫小鼠 当抗原为细胞时，每次可取 1×10^7 个细胞，腹腔注射免疫。可溶性抗原 0.5mL 与等量的弗氏完全佐剂充分乳化，将乳化的免疫原给 BALB/c 小鼠腹腔注射 0.3mL（含 $10\sim50\mu g$ 抗原物质）。20d 后，将抗原物质与等量弗氏不完全佐剂充分乳化，然后同上法再免疫一次。两周后腹腔注射不加佐剂的抗原 0.3mL，以加强免疫。经 $3\sim4$ 次免疫，在最后一次免疫 $3\sim4d$ 后，即可取小鼠脾细胞供细胞融合。也可用聚丙烯酰胺电泳纯化的抗原，可将抗原所在的电泳条带切下，研磨后直接免疫动物。

2. 细胞融合

（1）饲养细胞的制备：在融合前 1d，选择健康 BALB/c 小鼠颈椎脱臼致死，75%酒精浸泡消毒 5min，固定于解剖板上，移入无菌工作台，用镊子提起小鼠腹部皮肤，用剪刀剪一小口（注意不可损伤腹膜），经钝性剥离使腹膜充分暴露。用 75%酒精擦拭消毒，用一次性无菌注射器吸取含 20%胎牛血清 HAT 选择培养液 5ml 注入小鼠腹腔，右手固定注射器保持不动，左手用镊子夹取酒精棉球轻轻揉动小鼠腹部 $1\sim2$min，再用注射器吸出腹腔内的培养液（内含巨噬细胞）。如操作较好，从腹腔吸出含巨噬细胞的培养液应该在 4mL 左右。将取出的细胞悬液加入到 50mL HAT 培养基中，混匀后加入 96 孔细胞培养板中，每孔 0.1mL，37℃、饱和湿度、5%CO_2 培养。$18\sim24$h 后观察细胞生长状态，细胞呈多形性，贴壁紧密，折光性好时可用。

（2）SP2/0 细胞的制备：融合前两周从液氮中取出骨髓瘤 SP2/0 细胞进行培养，待细胞生长状态良好时可用于融合。在融合的前一天，将骨髓瘤细胞数量做适当调整，分装于培养瓶中，使其在融合时恰好长满培养瓶，最好在融合前 $8\sim10$h 轻轻弃去骨髓瘤细胞培养液，换入新鲜培养液。融合时，将处于生长旺盛的细胞收集至离心管中，1 000r/min 离心 10min，弃去营养液，用无血清基础培养液洗涤 1 次后，将细胞用少量无血清培养液重新悬浮，进行计数，准备与脾细胞混合后用于融合。

（3）免疫脾细胞的制备：取多次免疫的 BALB/c 小鼠，摘除眼球，收集血液，将收集的血液保存于冰箱冷藏，分离血清，供将来作为检测用阳性抗体。小鼠颈椎脱臼处死，浸泡于 75%酒精消毒 5min，移入无菌工作台内，固定于解剖板上，用灭菌剪刀、镊子分别剪开皮肤和腹膜，无菌取出脾脏，放入已盛有基础培养液的无菌平皿中清洗，剥离脾脏表面的结缔组织，尽可能去除脾脏表面的脂肪组织。将脾脏移入另一盛有 10mL 基础培养液的平皿内，用针头将脾脏一端刺孔，另一端用无菌镊子夹起固定，用一次性无菌注射器吸取 10mL 基础培养液，从脾脏一端缓慢注入，使液体从脾脏另一端针孔流出，重复多次，尽量将细胞洗出。将平皿中脾细胞悬液转移到 10mL 离心管中，1 000r/min 离心 10min，弃上清液，补液至 2mL，重悬细胞，计数。

（4）细胞融合：取免疫鼠脾细胞与骨髓瘤细胞 SP2/0 按细胞比例 10：1 混合（脾细胞数量应在 10^8 个，SP2/0 应在 10^7 个），加入 $10\sim15$mL 的离心管（最好是塑料离心管）内，1 000r/min 离心 10min，弃上清液；用手指轻击管底，使两种细胞充分混匀；将离心管置于盛有 37℃水的烧杯中，吸取 37℃预热的 50% PEG 溶液 0.6mL 在 60s 内缓慢滴入，边滴边转动离心管，然后在 30s 内将细胞悬液全部吸入吸管静止 30s，再在 30s 内缓慢将其吹入离心管内，立即在 5min 内加入 15mL 37℃预热的不含血清的 RPMI 1640 或 DMEM 培养液，使 PEG 稀释而失去促融作用，在第 1min 加 1mL，在第 2min 加 4mL，随后 3min 内加完剩余液体。1 000r/min 离心 10min，弃上清液。将沉淀细胞轻悬于含 20% 胎牛血清的预温 HAT 选择培养液 50mL 中，混合均匀，加入已加有饲养细胞的 96 孔细胞培养板中，每孔 100μL。将培养板移至 37℃、5% CO_2、饱和湿度温箱中培养。

(5) 融合细胞的培养：融合后的细胞每 3d 更换培养液一次，采用半换液方式。所用的培养液按培养时间的不同而有所不同，在融合后第 3、6 天内用 HAT 培养液；第 9、12 天用 HT 培养液；第 15 天后用普通的完全培养液。

3. 阳性杂交瘤细胞的筛选和杂交瘤细胞系的建立

(1) 杂交瘤细胞的筛选：待杂交瘤细胞长满孔底 1/4～1/3 时，于换液 3～4d 后即可在无菌条件下取细胞培养上清液 100μL，不做稀释，用已建立的筛选方法对上清液进行检测，同时用 SP2/0 细胞培养上清液作为阴性对照，并设阳性、阴性血清对照。

(2) 阳性杂交瘤细胞的亚克隆：采用液相有限稀释法进行细胞克隆。将已检测为分泌阳性的特定孔中杂交瘤细胞集落吹起混匀，取出至无菌小瓶中准确计数后进行系列稀释到 1mL 含 10 个细胞。将稀释好的细胞悬液 100μL 加入到事先加有饲养细胞的 96 孔细胞培养板中培养。适时换液并将克隆化剩余细胞进行扩大培养冻存。

(3) 亚克隆的检测：亚克隆后 10d 左右，选取单克隆孔上清液进行检测，从中选取 1 个阳性孔再进行亚克隆，方法同上。

(4) 杂交瘤细胞株的建立：被检单克隆集落均为阳性时，从中选取 1 孔转至 24 孔板内培养，然后再转至培养瓶内培养，待有一定数量后冻存。

(5) 单克隆抗体的大量制备：取 6～8 周龄 BALB/C 雌性小鼠，腹腔注射液体石蜡 0.5mL 致敏，1 周后经腹腔内接约 $1×10^5$ 个杂交瘤细胞，观察小鼠状态。待肿瘤生长 8～15d（视腹水形成情况而定）出现腹水，并含高浓度的 McAb。收集腹水，1 000r/min 离心 10min，上清液即为腹水，分装、标记，-70℃保存备用；间隔 2～3d，待腹水再生积聚后，同法再取。一只小鼠一般可抽取 2～3 次。

【注意事项】

(1) 为提高免疫原性及更有效地激活淋巴细胞，有人主张在末次免疫时采用尾静脉注射或脾脏注射的途径，但有时会引起小鼠的全身反应甚至死亡，需予以注意。大部分情况下，腹腔内免疫即能获得理想效果。腹腔注射免疫原时，最好注射于脾脏位置的另一侧，因在脾脏位置多次注射，有时会造成脾脏与腹腔粘连而影响脾脏取出。

(2) 整个操作应在严格无菌操作环境进行，所用的材料均应无菌处理，避免细菌、真菌和支原体的污染。

(3) SP2/0 细胞的生长状态直接影响到融合的效果，因此融合时细胞的生长状态一定要好，不要使用培养时间过长的 SP2/0 细胞。

(4) 质量差的 PEG 含有有毒的化学物质，能抑制杂交瘤细胞的生长，使用前应做细胞毒实验。由于 PEG 能引起蛋白质的沉淀，故细胞融合前的准备及融合过程中均应使用不含血清的培养液。

(5) 因杂交瘤细胞集落中可能混有不分泌抗体的克隆，且其生长速度比分泌抗体的快，故应及早进行杂交瘤细胞的筛选和克隆化培养，避免在同一孔中被不分泌抗体的杂交瘤细胞的过盛生长而淹没。

（6）刚建株的原始杂交瘤应尽可能多冻存一些，冻存后的细胞要进行复苏抽检，以保证冻存质量，同时要对复苏细胞的培养上清液进行抗体活性检测。

（7）建立的筛选阳性克隆的方法必须灵敏、快速、特异且可靠，这样才能在短时间内完成大量样品的检测。常用的方法有酶联免疫吸附试验（ELISA）、血凝试验、免疫荧光技术等。

（8）选择与所用骨髓瘤细胞同源的 BALB/C 健康小鼠，鼠龄在 8～12 周，雌雄不限。为避免小鼠反应不佳或免疫过程中死亡，可同时免疫 3～4 只小鼠，并且每次免疫时发现有死亡的小鼠，一定要补充新的小鼠进行免疫，以免耽误实验进程。

（9）在细胞融合后和细胞克隆期间，培养板尽可能用胶布封严，以免培养液水分蒸发，要经常补充培养箱内水分，使培养箱保持一定的湿度，否则细胞极易死亡。

（李一经编写，刘思当、刘建柱审稿）

实验十六 免疫球蛋白提纯技术

在大多数情况下，免疫血清、杂交瘤细胞培养上清液以及腹水中的抗体需经提纯后再用于各种免疫学实验。免疫球蛋白常用的提纯方法有盐析法、凝胶过滤、离子交换层析、亲和层析以及高效液相色谱等方法。这些方法各有优缺点，应根据抗体的特点、纯度要求和实验室具体条件加以选择。

一、盐析法提取血清免疫球蛋白

【目的要求】掌握血清抗体和卵黄抗体中免疫球蛋白的盐析法纯化方法。

【实验原理】当用中性盐加入蛋白质溶液，中性盐对水分子的亲和力大于蛋白质，于是蛋白质分子周围的水化膜层减弱乃至消失。同时，中性盐加入蛋白质溶液后，由于离子强度发生改变，蛋白质表面电荷大量被中和，更导致蛋白溶解度降低，使蛋白质分子之间聚集而沉淀。

【实验材料】

1. 试剂 血清，灭菌生理盐水。

2. 器材 普通冰箱、离心机、电磁搅拌器、紫外分光光度计、扭力天平、粗天平；透析袋、尼龙绳、细竹棒、精密 pH 试纸（pH5.5～9.0）、眼科镊子、小剪刀；烧杯、量筒、吸管、滴管、灭菌小瓶、试管等。

【操作方法】

（1）取血清加等量生理盐水，在搅拌的同时逐滴加入与稀释血清等量的饱和硫酸铵（终浓度为50%饱和硫酸铵）。4℃孵育3h以上，使其充分沉淀。

（2）3 000r/min 离心20min，弃上清液，以生理盐水溶解沉淀至原血清体积。再逐滴加入33%饱和硫酸铵进行沉淀，4℃放置3h以上。

（3）重复上述第二步过程，将末次离心后所得沉淀物以 0.02mol/L PBS（pH 7.4）溶解至 X mL（见附录）装入透析袋（对PBS充分透析除盐，换液3次，至萘氏试剂测透析外液无黄色）。

（4）将透析袋内样品取少许做适当倍数稀释后，以紫外分光光度计测OD值，并计算蛋白含量：

$$\text{蛋白含量（mg/mL）} = (1.45 \times OD_{280} - 0.74 \times OD_{260}) \times \text{样品稀释度}$$

式中，1.45 与 0.74 为常数。

【注意事项】

（1）通常将血清以生理盐水做对倍稀释后再盐析。

（2）离子强度：各种蛋白质的沉淀要求不同的离子强度。例如硫酸铵饱和度不同析出的成分就不同，饱和度为50%时，少量白蛋白及大多数拟球蛋白析出；饱和度为33%时γ球蛋白析出。

（3）温度：盐析时温度要求并不严格，一般可在室温下操作。血清蛋白于25℃时较0℃更易析出。但对温度敏感的蛋白质，则应于4℃条件下盐析。

（4）蛋白质沉淀后宜在4℃放置3h以上或过夜，以形成较大沉淀而易于分离。

二、DEAE-SepHadex A-50 柱层析纯化免疫球蛋白

【目的要求】掌握血清抗体和卵黄抗体中免疫球蛋白的柱层析纯化方法。

【实验原理】DEAE-SepHadexA-50（二乙基氨基乙基-葡聚糖A-50）为弱碱性阴离子交换剂。用NaOH将CL型转变为OH型后，可吸附酸性蛋白。血清中的球蛋白属于中性蛋白（等电点为pH6.85～7.5），其余均属酸性蛋白。在pH7.2～7.4的环境中，酸性蛋白均被DEAE-SepHadex A-50吸附，只有球蛋白不被吸附。因此，通过柱层析，球蛋白便可在洗脱中先流出，而其他蛋白则被吸附在柱上，从而便可分离获得纯化的IgG。

【实验材料】

（1）盐析提取的免疫球蛋白。

（2）0.5mol/L NaOH，0.5mol/L HCl，2mol/L NaCl，10% NaN_3。

（3）DEAE-SepHadex A-50，聚乙二醇（PEG）。

（4）0.1mol/L PB（pH 7.4）。

（5）层析玻璃柱（1.3cm×40cm）、滴定铁架、自由夹、螺旋夹、尼龙纱（200目）。

（6）普通冰箱、紫外分光光度计、电导仪、抽滤装置（包括抽气机、干燥瓶、布氏漏斗、橡皮垫圈、抽滤瓶）、pH计。

（7）透析袋、坐标纸、滤纸、pH精密试纸。

（8）量筒、烧杯、试管、吸管、滴管、灭菌小瓶等。

【操作方法】

1. DEAE-SepHadex A-50 预处理 称取DEAE-SepHadex A-50（以下称A-50）5g，悬于500mL蒸馏水，1h后倾去上层细粒。按每克A-50加0.5mol/L NaOH 15mL的比例，将A-50浸泡于0.5mol/L NaOH中，搅匀，静置30min，装入布氏漏斗（垫有2层滤纸）中抽滤，并反复用蒸馏水抽洗至pH呈中性；再以0.5mol/L HCl同上操作过程处理，最后以0.5mol/L NaOH再处理一次。处理完后，将A-50浸泡于0.1mol/L PB（pH7.4）中过夜。

2. 装柱

（1）将层析柱垂直固定于滴定铁架上，柱底垫一圆尼龙纱，出水口接一乳胶或塑料管并关闭开关。

（2）将0.1mol/L PB（pH7.4）沿玻璃棒倒入柱中至1/4高度，再倒入经预处理并以同上缓冲液调成稀糊状的A-50。待A-50凝胶沉降为2～3cm厚时，开启出水口螺旋夹，控制流速为1mL/min，同时连续倒入糊状A-50凝胶至所需高度。

（3）关闭出水口，待A-50凝胶完全沉降后，柱面放一圆形滤纸片，以橡皮塞塞紧柱上口，通过插入橡皮塞之针头及所连接的乳胶或塑料管与洗脱液瓶相连接。

3. 平衡 开启出水口螺旋夹,控制流速为12~14滴/min,使约2倍床体积的洗脱液流出。并以pH计与电导仪分别测定洗脱液及流出液之pH与离子强度是否相同。达到一致时关闭出水口,停止平衡。

4. 加样及洗脱 启开上口橡皮塞及下口螺旋夹,使柱中液体缓慢滴出,当柱面液体与柱面相切时,立即关闭出水口,以毛细滴管沿柱壁加入样品。松开出水口螺旋夹使柱面样品缓慢进入柱内,至与柱面相切时,立即关闭下口,以少量洗脱液洗柱壁2~3次;再放开出水口,使洗液进入床柱,随后立即于柱面上加入数毫升洗脱液,紧塞柱上口,使整个洗脱过程成一密闭系统。并控制流速为12~14滴/min。

5. 收集 开始洗脱的同时就以试管进行收集。每管收集3~5mL,共收集10~15管。

6. 测蛋白 用紫外分光光度计分别测定每管OD_{280nm}与OD_{260nm},按公式计算各管蛋白含量;并以OD_{280nm}为纵坐标,以试管编号为横坐标,绘制洗脱曲线。

7. 合并、浓缩 将洗脱峰的上坡段与下坡段各管收集液分别进行合并,以PEG(分子质量6 000u)浓缩至所需体积,加入防腐剂0.02% NaN_3,于4℃保存备用。

8. A-50凝胶的再生 先以2mol/L NaCl洗柱上的杂蛋白至流出液的$OD_{280nm}<0.02$,再以蒸馏水洗去柱中的盐。然后按预处理过程将A-50再处理一遍即达再生。近期用时泡在洗脱缓冲液中4℃保存;近期不用时,以无水乙醇洗2次,再置50℃温箱烘干,装瓶内保存。

【注意事项】

(1) 柱的选择:理论上,只要柱足够长,就能获得理想的分辨率,但由于层析柱流速同压力梯度有关,柱长增加使流速减慢,峰变宽,分辨率降低。柱的直径增加,使液体流动的不均匀性增加,分辨率明显下降。

(2) 纯化过程必须严格控制洗脱缓冲液的pH及离子强度。样品与A-50凝胶必须用洗脱缓冲液彻底平衡后,才能进行柱层析。

(3) 所装的柱床必须表面平整,无沟槽及气泡,否则应重装。

(4) 洗脱过程中应严格控制流速,切勿过快。

(5) 上样的体积要小,浓度不宜过高。

(6) 加样及整个洗脱过程中,严防柱面变干。

三、SPA-SepHarose CL-4B亲和层析纯化IgG及IgG亚类

【目的要求】 掌握血清抗体和卵黄抗体中免疫球蛋白的亲和层析纯化方法。

【实验原理】 葡萄球菌A蛋白(SPA)具有与多种哺乳动物IgG分子Fc段结合的能力,并与不同IgG亚类的结合力有所差别。利用改变pH及离子强度可洗脱结合于SPA-SepHarose CL-4B柱上的IgG或不同的IgG亚类,可直接纯化血清或小鼠腹水中的IgG抗体。

【实验材料】

(1) SPA-SepHarose CL-4B (PHarmacia)。

(2) 0.1mol/L磷酸缓冲液(pH8.0)+0.02% NaN_3。

(3) 枸橼酸缓冲液:0.1mol/L (pH 6.0) +0.02% NaN_3,0.1mol/L (pH 4.0) +0.02% NaN_3,0.1mol/L (pH 3.0) +0.02% NaN_3。

(4) 1mol/L Tris溶液(pH9.0)。

(5) 再生缓冲液：①0.1mol/L Tris：含 0.5mol/L NaCl，调整 pH 至 8.5，加 0.02% NaN$_3$；②0.1mol/L 醋酸钠：含 0.5mol/L NaCl，调整 pH 至 4.5，加 0.02% NaN$_3$。

(6) 1～10mL 体积的玻璃柱或塑料柱。

【操作方法】

(1) 用 0.1mol/L 磷酸缓冲液（pH8.0）浸泡 SPA-SepHarose CL-4B 凝胶 15min，按 1g 干胶用 200mL 上述缓冲液充分洗涤凝胶（用玻璃漏斗过滤或置烧杯中洗涤）。

(2) 装柱后用 0.1mol/L 磷酸缓冲液（pH8.0）平衡。

(3) 标本可用硫酸铵粗提物，先 10 000g 离心除去杂质，必要时用直径 0.22μm 滤膜过滤。上样前用 1mol/L Tris（pH9.0）溶液调整标本液 pH 至 8.1 或对平衡液透析过夜。

(4) 加样，一般按每克湿胶 25～30 mg IgG 的比例加样，室温作用 15min，0.1mol/L 磷酸缓冲液（pH8.0）充分淋洗，至淋洗液 OD 值<0.02。

(5) 用不同 pH 的枸橼酸洗脱液洗脱，流速 20mL/h。如纯化小鼠 IgG$_1$ 一般用 pH6.0；纯化 IgG$_{2a}$ 用 pH4.0；纯化 IgG$_{2b}$ 用 0.1mol/L 醋酸盐缓冲液（pH3.0）或 0.1mol/L 甘氨酸 HCl 缓冲液（pH3.0）洗脱。

(6) 用 pH3.0 或 4.0 洗脱液洗脱时，用适量固体 Tris 直接中和含有 IgG 的洗脱液。

(7) 收集洗脱液测 OD 值，根据实验需要，透析除盐后进行浓度、纯度和活性测定。

【注意事项】

(1) SPA-SepHarose CL-4B 凝胶价格昂贵，可再生后反复使用 10～20 次。方法：先用 10 倍柱体积含 0.5mol/L NaCl 的 0.1mol/L Tris 溶液（pH8.5）洗脱柱上的残存杂蛋白；再用 10 倍柱体积含 0.5mol/L NaCl 的 0.1mol/L 醋酸钠缓冲液（pH4.5）洗脱柱上残存的杂蛋白；最后用 0.1mol/L 磷酸缓冲液（pH8.0）平衡，4℃贮存。

(2) SPA-Sepharose CL-4B 亲和层析法还可用于：①除去抗体中的 IgG，检测非 IgG 抗体（如 IgM）的生物学活性。②除去木瓜蛋白酶或胃蛋白酶水解 IgG 后的 Fc 段。③回收或纯化免疫复合物。

(3) 犬、猫的多克隆 IgM 和 IgA 以及单克隆 IgA 和 IgM 也具有与 SPA 结合的能力。

【附】

(一) 试剂配制

1. 饱和硫酸铵溶液的配制　称取 (NH$_4$)$_2$SO$_4$（AR）400～425g，以 50～80℃ 的蒸馏水 500mL 溶解，搅拌 20min，趁热过滤。冷却后以浓氨水（NH$_4$OH）调 pH 至 7.4。配制好的饱和硫酸铵，瓶底应有结晶析出。

2. 萘氏试剂配制　称取 HgI 11.5g，KI 8g，加蒸馏水至 50mL，搅拌溶解后，再加入 20% NaOH 50mL。

3. 0.02mol/L 磷酸盐缓冲盐液（pH7.4）配制

贮存液：

A 液为 0.2mol/L Na$_2$HPO$_4$：Na$_2$HPO$_4$·12H$_2$O 71.64g，加蒸馏水至 1 000 mL

B 液为 0.2mol/L NaH$_2$P$_4$：NaH$_2$P$_4$·2H$_2$O 3.12g，加蒸馏水至 1 000mL

应用液：取 A 液 81mL 加 B 液 19mL 混合，再以生理盐水做 10 倍稀释即成。

4. 0.1mol/L 磷酸盐缓冲液（pH7.4）配制 取上述 A 液 81mL 与 B 液 19mL 混合，再以蒸馏水对倍稀释即成。

5. 20%磺基水杨酸 20g 磺基水杨酸加 80mL 蒸馏水完全溶解即成。

（二）不同动物血清球蛋白硫酸铵盐析浓度参考值（表 16-1）

表 16-1　盐析浓度参考值

血清来源	硫酸铵饱和度（%）×次数
家兔	33×3 次
山羊	30×1，33×2
绵羊	33×3
小鼠	33×1，40×2
大鼠	35×1，40×2
鸡	33×3
马	30×1，45×1
猪	33×3

（三）透析袋处理

（1）将透析袋在 2%$NaHCO_3$＋1mL/L EDTA 中煮 10min。用蒸馏水洗涤透析袋子内、外表面。再用蒸馏水煮 10min，冷至室温即可使用。如暂时不用则将透析袋浸于 0.2mL/L EDTA 溶液中，4℃存放。使用后的透析袋用蒸馏水反复冲洗后，同上法处理，浸于 0.2mL/L EDTA 溶液，4℃存放。

（2）注意事项：

①透析袋亦可高压灭菌消毒。

②吸取或装入透析物时，手指不能直接接触透析袋，应戴一次性手套或使用镊子。

③透析袋应用后及时洗涤、处理，以便重复使用。注意节约。

（四）不同 IgG 亚类与 SPA 结合及洗脱的条件（表 16-2）

表 16-2　结合及洗脱条件

IgG 亚类	来源	结合	洗脱
IgG_1	小鼠	pH＞8.0	pH＜6.0
IgG_{2a}	小鼠	pH＞7.0	pH＜4.5
IgG_{2b}	小鼠	pH＞7.0	pH＜3.5
IgG_3	小鼠	pH＞7.0	pH＜4.5

（五）动物的选择

应考虑以下几方面因素：

（1）动物房的条件及饲养管理水平。

（2）抗血清的需要量：1 只小鼠仅能提供 1.0～1.5mL 血，而一只山羊能提供几升血。

（3）可能提供的抗原量：小鼠通常对 50μg 或小于 50μg 的抗原应答良好，山羊可能需要几毫克。

（4）应考虑提供抗原的动物与产生抗体的动物之间的种系关系。多数情况下，应选用在种系上与抗原供者无关的动物来进行免疫。如高度分化的哺乳动物的蛋白抗原应选用非哺乳动物（如鸡）来生产抗血清。

(5) 需特别注意的是，如果所制备的抗体仅仅是用来检测蛋白质间的微细差异，如同种异型，则可用关系相近的甚至是同种动物来分离抗原和制备抗体。

(6) 此外，还应考虑所选动物的年龄、性别、个体差异等对抗血清生产的可能影响，因此免疫动物只数应为多只，不能使用妊娠动物。

（徐建生编写，刘思当、刘建柱审稿）

实验十七 免疫生化制品的制备与鉴定

一、胸腺肽的制备及鉴定

【目的要求】掌握牛胸腺肽的制备及其活性检测的方法。

【实验原理】胸腺肽又名胸腺素、胸腺五肽,是由机体中枢免疫器官胸腺分泌的一类免疫活性物质,是具有免疫调节活性的热稳定性多肽,能促进淋巴细胞转化,增强巨噬细胞吞噬活性。近年来,胸腺肽作为一种免疫调节剂广泛应用于医学临床,在兽医临床的防治试验中也取得了满意的效果。临床上用于治疗各种原发性或继发性 T 细胞缺陷病、某些自身免疫性疾病、各种细胞免疫功能低下的疾病及肿瘤的辅助治疗。

Goldstein A 等于 1966 年首次报道从小牛胸腺中提纯具有生物活性的胸腺素,1975 年改进了提取方法,以后国内外沿用或改进此种提取方法,分别自犊牛、猪、绵羊以及人胎儿胸腺中提取出了胸腺肽。胸腺肽分子质量多为 8 000~13 000u,等电点为 3.5~9.5。胸腺肽的主要功能诱导 T 细胞分化增殖,放大并增强成熟 T 细胞对抗原或其他刺激物的反应及维持机体免疫平衡状态。由于它是分子质量小于 10 000u 的多肽,故基本无免疫原性,所以由一种动物胸腺中提取的小分子多肽,可用于其他各种动物及人类,而不会引起过敏反应。在实际工作中,主要从牛、猪、羊等动物的胸腺中提取胸腺肽。

目前国内大部分药厂制备的胸腺肽均来自于小牛的胸腺,本实验以牛胸腺为原料提取获得胸腺肽,检测生物活性及组成。

【实验材料】

1. 原料及试剂　小牛胸腺,淋巴细胞分离液(相对密度 1.077±0.002),牛血清白蛋白标准品,Folin-酚试剂;Hank's 液、阿氏液(新鲜配制)、盐酸、氢氧化钠,以上试剂均为分析纯;三氟乙酸(Fisher 试剂,色谱纯)、乙腈。

2. 仪器设备　高速组织捣碎机、低温冰柜、电热搅拌器、离心机、不锈钢滤膜滤器、超滤器、紫外分光光度计及 E-玫瑰花环试验所用仪器等。

【制备方法】

1. 制备匀浆　将冻存的小牛胸腺取出融化,摘除脂肪及结缔组织,洗净,用绞肉机绞碎,在绞碎的胸腺内加入适量注射用水(约为胸腺的 2.5 倍),用高速组织捣碎机高速匀浆 2 次,每次 1min,将匀浆置 −20℃冻结。

2. 除杂蛋白　冻结匀浆缓缓融化后,置电热搅拌器上加热至约 80℃,并不断搅拌,共加热搅拌 15min,以 3 000 r/min 离心 20min,弃沉淀,取上清液。

3. 澄清及超滤　将上述上清液用 1μm 滤膜加压过滤,以起到澄清作用。过滤后的液体其浊度不大于5度。将该澄清液体通过超滤器超滤,分子质量10 000u以下的物质可以通过,透过液即为胸腺肽溶液。

4. 后处理 用Folin-酚法测多肽含量,根据含量分装安瓿并冻干,封口后待鉴定。

【活性检测】

1. pH测定 取本品用酸度计准确测定酸碱度,其pH应为6.0~7.5。

2. 热原检查 取3只符合要求的家兔,按规定进行观察后,每只以7.5mg/kg耳静脉注射胸腺肽溶液,观察体温升高情况,如不符合规定,应取5只家兔复检。判定标准为:在初试的3只家兔中,体温升高均在0.6℃以下,且3只家兔体温升高总数在1.4℃以下时;或在复试的5只家兔中,体温升高0.6℃或0.6℃以上的家兔不超过1只,并且初试复试合并8只家兔的体温升高总数不超过3.5℃时,均认为供试品热原检查合格。

3. 过敏反应 取健康豚鼠6只,每只腹腔注射本品0.5mL,连续3次,每次间隔5d,于第20天第4次耳静脉注入本品2.0mL,应无过敏反应现象发生。

4. 急性毒性试验 取小鼠,从尾静脉注入本品0.45mL,同时腹腔注射2~3mL,48h内不应有死亡。

5. 无菌检查 将本品分别接种到用以检测需氧菌、厌氧菌及真菌用培养基上,37℃培养1周,应无菌生长。

6. 多肽含量测定 用Folin-酚法测定多肽含量,应符合规定。

7. 活力测定 采用E-玫瑰花环试验,对照管中加入淋巴细胞及绵羊红细胞,试验管中加入淋巴细胞、绵羊红细胞及适量本品。试验管玫瑰花环率应较对照管高10%以上为合格。

【注意事项】

(1) 胸腺匀浆应细,眼观应呈细腻状,否则可延长匀浆时间,增加匀浆次数。胸腺应采自幼龄动物,且新鲜无异味。

(2) 各步骤所用蒸馏水均应为无热原注射用水。

(3) 过滤时,压力不可过高,否则滤膜会破裂,溶液则须重滤。

(4) 胸腺肽主要活性成分为胸腺肽 α_1 和一些小分子多肽,国内有大量相关文献报道过用猪、牛胸腺为原料提取的胸腺肽,并进行了大量研究,结果表明其组分、理化性质、生物活性没有明显差异。

(5) 胸腺肽生产工艺较多,应根据产品特性进行适当改进,要提高胸腺肽的收率、含量和活性,关键在于使胸腺细胞破裂、活性多肽充分溶于水中,胸腺肽制剂的稳定性主要取决于提取过程中一些杂蛋白的去除及超滤膜的选择。

二、转移因子的制备及鉴定

【目的要求】掌握转移因子制备的方法及其鉴定程序。

【实验原理】转移因子(transfer factor,TF)是白细胞中有免疫活性的T淋巴细胞所释放的一类小分子可透析物质,它能够特异性地将供体某一细胞的免疫功能转移给受体,非特异性地增强受体免疫功能,是一种新型免疫激发剂。已证实多种哺乳动物均含TF,能在种间传递细胞介导的免疫反应。目前主要开发特异性转移因子(STF),它具有抗原特异性。

1979年以后，国内逐渐将转移因子应用于动物疾病的防治上，先后已试制了猪、马、羊、兔、牛等动物的TF和一些STF，在畜禽疾病防治上初见成效。但不同动物来源的脾脏制备的转移因子，在理化特性、组成成分、生物活性及临床应用的异同一直是大家十分关注的问题，已证明人与猪TF组成相似。

转移因子是一种可溶性不耐热的小分子多核苷酸肽，分子质量为3 500～5 000u。56℃经30min可被灭活，低温保存数年活性不消失。转移因子能将供体某种特定的细胞免疫功能特异性地传递给受体，即具有传递特异性细胞免疫的作用。另外，它还能非特异性地增强一般细胞免疫作用。转移因子的反应发生迅速，给受体注射后数小时即出现皮试阳性，维持时间也较长，可达数月至一年以上。转移因子具有免疫特异性，能特异性地转移供体的迟发型变态反应，这种免疫转移无种属特异性，能在种间交叉转移。由于转移因子是小分子成分，无抗原性，长期应用，机体也不产生抗体。在实际工作中多采用动物的脾、淋巴结或外周血白细胞制备转移因子。研究证明，转移因子对若干免疫缺陷、免疫失衡、某些感染及肿瘤等的治疗均有一定作用。

本实验以猪脾脏为原料制备转移因子，检测其生物学活性。

【实验材料】

1. 原料及试剂 新鲜猪脾脏，淋巴细胞分离液，3%鸡红细胞悬液，Hank's液（无钙、镁离子，pH7.2），2%绵羊红细胞，灭活的小牛血清，6%可溶性淀粉溶液；瑞氏染液，1%美蓝染液。

2. 仪器设备 主要包括高速组织捣碎机、低温冰柜、离心机、透析袋、紫外分光光度计及E-玫瑰花环试验所用器材等。

【制备方法】取健康猪脾脏2条，去脂肪、被膜，剪碎称重，加等量双蒸水，用高速组织捣碎机捣碎成匀浆，12 000r/min离心1min，重复3次；用超声波进一步粉碎，同时加入青、链霉素抑菌，粉碎后的匀浆置－20℃反复冻融3次；8 000r/min离心30min，取上清液置于透析袋中，用等量双蒸水4℃透析24～48h，收集透析外液，每100mL TF溶液中加入1%的叠氮钠1mL，－20℃冰箱中保存备用。

【活性检测】

1. 鉴别

（1）取制备的TF，加水溶解，按分光光度法测定，在251±1nm处有最大吸光度；260nm与280nm波长处的吸光度比值应≥2.0。

（2）取制备的TF，加水溶解，取2mL加入适量茚三酮溶液，加热后应呈紫色。

2. 酸碱度测定 取制备的TF，加水溶解，在酸度计上精密测定pH，应为6～8。

3. 蛋白质检查 取制备的TF，加水溶解，加入磺基水杨酸溶液适量，混匀不得出现混浊。

4. 水分测定 按碘硫溶液法测定，不得超过3%。

5. 安全试验 取制备的TF，加水溶解，小鼠尾静脉注射适量，48h内不得有死亡。

6. 热原检查 取制备的TF，加水溶解依法检查，应符合规定。

7. 菌检 取制备的TF，用无菌盐水溶解，分别接种到检查需氧菌、厌氧菌及真菌用培养基上，37℃培养1周，应无菌生长。

8. 核糖测定 以标准D核糖为标准品，取制备的TF，测定核糖含量不得低于60μg。

9. 吸光度测定 取制备的 TF，加水溶解，用分光光度法进行测定，其吸光度应为 0.55 左右。

10. 过敏反应 取健康豚鼠 6 只，每只腹腔注射本品适量，连续 3 次，每次间隔 5d，于 20d 后再耳静脉注入本品适量，应无过敏反应现象发生。

11. 活性 采用 E-玫瑰花环试验，对照管中加入淋巴细胞及绵羊红细胞，试验管中加入淋巴细胞、绵羊红细胞及适量本品。试验管 E-玫瑰花环率应较对照管高 20% 以上。

【注意事项】

（1）所用脏器应新鲜，匀浆时应彻底捣碎。匀浆液反复冻融促使细胞完全破碎，使转移因子有效成分充分释放出来，从而可提高产品的质量和收率。

（2）各步所用水均为无热原水。

（3）转移因子常温下易丧失活性，因此有关操作（如透析）应在低温下进行。常温下的各种操作均应快捷迅速。

（4）在接种疫苗同时使用转移因子，可激活被免疫抑制性疾病病原所抑制的免疫细胞，使其恢复免疫功能，可减少免疫抑制与免疫麻痹的发生，有效地提高疫苗的免疫效果，提高疾病的防治效果。

三、干扰素的制备及鉴定

【目的要求】掌握猪脾细胞干扰素的制备方法及其鉴定程序。

【实验原理】干扰素（IFN）是一组在体内或体外由干扰素诱生剂作用于有关生物细胞所产生的一类高活性、多功能蛋白质，它从细胞产生和释放出来以后，又作用于相应的其他同种细胞，使其获得广谱抗病毒、抗细胞增殖和免疫刺激及免疫调节（包括免疫监视、免疫防御、自身稳定）等作用。自 1957 年 Isaacs 和 Lindenman 发现 IFN 以来，IFN 的制备基础理论及临床应用的研究已受到国内外生物界和医学界的极大重视，广泛用于医学和兽医临床。

所谓干扰素诱生剂，是指能诱导有关生物细胞产生干扰素的一类物质。能诱导有关生物细胞产生 α 和 β 干扰素者称甲类干扰素诱生剂，如各种动物病毒、细胞内寄生的微生物等；可诱导 T 细胞产生 γ 干扰素的称为乙类干扰素诱生剂，如脂多糖、链球菌毒素、肠毒素 A 等。

IFN 分类主要是根据其来源，可分为 α、β 和 γ 共 3 型，即 IFN-α、IFN-β 和 IFN-γ。由白细胞或淋巴细胞制成的称为 IFN-α，由人体成纤维细胞培养制成的称为 IFN-β，由植物血凝素刺激正常淋巴细胞或经抗原致敏的淋巴细胞接触同种抗原后制成的称为 IFN-γ。其中 IFN-α 又有许多亚型，常用的有 2b 等亚型。三型干扰素其基本作用相似，但又有各自的不同作用，临床应根据治疗的目的选用。

在实际工作中，制备干扰素多采用两种方法：一是用干扰素诱生剂诱导某些生物细胞产生干扰素，经提取纯化并检定合格后即可使用。该法所用的细胞多为外周血白细胞。二是采用基因工程法进行生产，即将干扰素基因导入大肠杆菌内，通过培养大肠杆菌来生产干扰素。目前，大规模生产干扰素主要采用基因工程法。下面仅以猪脾细胞干扰素的制备为例介绍干扰素的制备方法和某些特性检测。

【实验材料】

1. 原料及试剂 新鲜猪脾脏，Hank's 液，RPMI1640 液，灭活的小牛血清，NDV-IV 系弱毒株，水疱性口炎病毒。

2. 仪器设备 主要包括高速组织捣碎机、低温冰柜、离心机、细胞培养设备（如培养瓶、多孔培养板、温箱、显微镜、旋转培养器等）、水浴箱等。

【制备方法】

1. 制备诱生剂 采用 NDV-IV 系弱毒株，以鸡胚尿囊液形式保存于 -20℃，其血凝滴度稳定在 $1:640 \sim 1:1\,280$ 之间。大量繁殖时，用 0.5% 水解乳蛋白稀释 $100 \sim 1\,000$ 倍，接种于 9 日龄鸡胚尿囊腔，置 37℃培养 72h 后，收获尿囊液，效价测定应大于 $1:640$，无菌检查应合格。

2. 制备诱生细胞（猪脾细胞悬液） 无菌条件下摘取新鲜成年猪脾脏，用 Hank's 液洗 2 次，去包膜，剪碎，研磨或捣碎，加少量 Hank's 液移至装有无菌玻璃珠的三角瓶中摇打数次，经多层纱布过滤，滤液经 2 000r/m 离心 10min，弃上清液，用 Hank's 液洗涤细胞 2 次，细胞沉淀加少量培养液，计数，即得猪脾细胞原液。

3. 制备粗制干扰素 按 1mL 沉淀的猪脾细胞原液加 0.2mL 诱生剂（即 NDV-IV 系尿囊液，其血凝滴度不低于 $1:640$）。将加有诱生剂的猪脾细胞置 37℃水浴中 1h，每隔 15min 晃动一次，使 NDV-IV 吸附于脾细胞上。然后以 1 000r/min 离心 20min，弃上清液，留沉淀物。按猪脾细胞液的 $1 \sim 2$ 倍量加 RPMI 1640 液，调整细胞浓度为 $(1 \sim 5) \times 10^7$ 个/mL，经 37℃转管培养 24h，2 000r/min 离心 15min，收获上清液，即为粗制猪脾细胞干扰素。

4. 制备精制干扰素

（1）KCNS 沉淀：取上述粗制干扰素，加 KCNS 并用 2mol/L HCl 调 pH 为 3.5。然后以 2 000 r/min 离心 30min 取沉淀。

（2）乙醇提取：将沉淀溶于 95% 乙醇（预冷至 -20℃），用 2mol/L NaOH 调 pH 为 4.2。以 2 000 r/min 离心 30min 取上清液。用 2mol/L HCl 调 pH 至 3.5，离心后取上清液，再将 pH 调至 5.6，离心后取上清液，最后将 pH 调至 7.1，离心后取沉淀。

（3）过碘酸钠沉淀：将沉淀溶于 PBS 中，加过碘酸钠，并调 pH 为 4.5。用 50% 乙醇 10 倍稀释，离心后取上清液，并用 0.3mol/L 的 $(NH_4)_2CO_3$（pH7.6）在 4℃下透析过夜。

（4）Sephacryl S-200 柱层析：将 Sephacryl S-200 按要求处理后装柱（$4 \sim 5cm \times 100cm$ 柱），用 PBS 平衡后加样（即上述上清液），用洗液洗脱。洗脱期间用核酸蛋白仪连续检测，收集相应蛋白峰即为精制干扰素。取样进行效价测定，按结果进行稀释，分装并冻干。

【活性检测】

1. 效价测定

（1）制备攻击病毒：将水疱性口炎病毒（VSV）在鸡胚成纤维细胞上传代后，再在猪细胞（IBRS）上传 $3 \sim 5$ 代，使其对 IBRS 有良好致病效应，其 $TCID_{50}$ 应稳定（一般为 $10^{-6} \sim 10^{-7}$）。

（2）准备测定细胞：生长良好的幼龄 IBRS 单层细胞。

（3）测定：取上述单层细胞分为若干组，每组加不同稀释度的干扰素，置 37℃孵育 $20 \sim 24h$，然后每管均用 100 个 $TCID_{50}$ 的 VSV 攻击，置 37℃孵育 $48 \sim 72h$ 后，观察结果。同时设细胞对照组和病毒对照组。病毒对照组 CPE>75%，正常细胞对照组 CPE$=0$，即认为该测定系统有效。干扰素判定标准是以能保护半数细胞免受攻击病毒损害的干扰素最高稀释度的倒数作为干扰素的单位。

2. 酸碱度测定　取精制干扰素，加水溶解，精密测量 pH，应为 6.0～7.5。

3. 水分测定　按硫磺溶液法测定，不得超过 3%。

4. 安全试验　取精制干扰素，加水溶解，小鼠尾静脉注射，48h 内不得有死亡。

5. 热原检查　取精制干扰素，加水溶解，依法检查，应符合规定。

6. 菌检　取精制干扰素，无菌水溶解，分别接种到检查需氧菌、厌氧菌及真菌用培养基，37℃培养 1 周，应无菌生长。

7. 过敏反应　取健康豚鼠 6 只，每只腹腔注射精制干扰素适量，连续 3 次，每次间隔 5d，于 20d 后再于耳静脉注入本品适量，应无过敏反应现象发生。

【注意事项】

（1）制备 NDV-IV 系弱毒诱生剂时，种毒应无菌检查合格，且滴度在 1：640 以上。收毒时，应将污染的鸡胚弃去。

（2）猪脾细胞经 NDV-IV 系诱生可产生高效价的干扰素。如果细胞来源不同，所含细胞种类亦有所差异，从而对诱生剂的敏感性不同，最终影响干扰素的产生。

（3）在猪脾细胞干扰素的诱生过程中，维持培养液的中性对于得到高效价干扰素尤为重要。本实验采用 RPMI 1640 培养液可使整个猪脾细胞干扰素产生过程中培养液保持中性。

（4）猪脾细胞干扰素有可能冲破种属特异性障碍，从而用于临床防治病毒病。

（5）在常温下干扰素半衰期很短，故各种操作要在低温环境下进行，动作要迅速，纯化所用试剂要做预冷处理。干扰素粗品及精品要及时置低温下存放。测定效价时，干扰素应于临用时现溶解。

四、白细胞介素的制备及鉴定

【目的要求】了解白细胞介素的概念、种类及其作用；掌握常用 IL 的制备及鉴定方法。

【实验原理】白细胞介素（IL）是一类细胞因子，指由白细胞或其他体细胞产生的又在白细胞间起调节和介导作用的因子。作为在免疫活性细胞间相互作用的介质和强有力的蛋白性调节因子，可以调节免疫反应、炎性反应、组织修复、组织移植反应和造血。白细胞介素已发现有多种，本实验以白细胞介素-2（IL-2）为例介绍 IL 的制备及鉴定方法。人或动物的脾细胞、淋巴细胞，在丝裂原（如 ConA、PHA 等）刺激下诱生天然 IL-2，上清液中含有大量的 IL-2，此为粗制天然 IL-2，然后通过硫酸铵沉淀、吸附等步骤进行纯化，并根据相关性质进行鉴定。

【实验材料】RPMI1640 培养液，丝裂原 PHA，硫酸铵，吸附剂 G_2，细胞培养皿，细胞培养箱，离心机，清洁级小鼠。

【制备方法】摘取小鼠的脾、四肢淋巴结、肠系膜淋巴结等组织，制成单个细胞悬液，用 RPMI1640 配成细胞浓度 1.5×10^6 个/mL。在 PHA 刺激下，37℃、5% CO_2 培养 48h 后离心取上清液，用 CTL 细胞系检测其生物活性，即是粗制的天然 IL-2。

纯化步骤：在 500mL 收集的上清液中缓慢加入固体硫酸铵，边加边搅拌，使其饱和度达 45%，4℃搅拌过夜，9 000r/min 离心 30min 去沉淀；上清液再加硫酸铵使其饱和度达

80%，4℃搅拌过夜，9 000r/min 离心 30min，取沉淀用 PBS 溶解，透析后用吸附剂 G_2（30mg/mL）37℃搅拌吸附 30min，离心、洗脱即得纯化的 IL-2。

【鉴定】

1. 蛋白含量测定 将获得的 IL-2 用 Folin-酚法测定蛋白含量。

2. 活性测定 采用 CTL 细胞株的同位素渗入法进行活性测定，比活性必须在 1×10^6 U/mg 以上。

3. 纯度鉴定 用 SDS-PAGE 检测，银染法染色，在 15ku 处呈单一条带，然后经扫描得 IL-2 条带，占 95% 以上。

（朱瑞良编写，常维山、李建亮审稿）

附录　免疫学实验常用试剂溶液的配制

（一）配制试剂的注意事项

（1）配制试剂时要求至少有两人参与，一人主配，另一人辅助和复核。

（2）试剂配制时容器应清洁、无油、无异物。针对试剂本身的性质，选择合适的储存容器。

（3）配制好的试剂应及时盛入试剂瓶，瓶上必须有标明试剂名称、配制日期、浓度、pH、无菌情况等。

（4）药品应用分析纯或化学纯级，注意有无结晶水和药品的化学性质。

（5）称量准确，易潮湿的药品称量时动作要迅速；一般用滤纸、硫酸纸或锡箔纸作为称量纸；取药匙的材料应为牛角或不锈钢。

（6）溶解过程中，易溶者，直接加蒸馏水使之溶解；不易溶者，设法助溶，如加温（水浴）、加助溶剂（如溶解碘时加碘化钾）、调 pH 等。

（7）需要测试有效性和/或无菌的试剂，务必测试合格后方可使用。

（8）试剂的保存：试剂一般现配现用，亦可配成母液的 2 倍、5 倍、10 倍浓度，用时稀释；试剂要存放一定时间的，应加防腐剂，并在有效期内使用。

（9）溶液配制完成后，应将成分原料试剂瓶放回试剂柜的原位置，并及时清理操作台面，并按照要求对天平和 pH 计进行维护。

（二）常用试剂溶液的配制

1. Alsever 液（阿氏液）

用途：用于血细胞的保存。

配方：葡萄糖　　　　　　　20.5g
　　　氯化钠　　　　　　　4.2g
　　　枸橼酸钠　　　　　　8.0g
　　　枸橼酸　　　　　　　5.5g

配制：将上述试剂溶解于 1 000 mL 蒸馏水，经 121.3℃（15 lbf/in^2）高压蒸汽灭菌 15min，置 4~8℃保存。用时阿氏液两份，血液一份，于 4℃冰箱可保存红细胞 1~2 周。

2. Hank's 液

用途：用于配制培养液、细胞清洗液和稀释剂。

（1）原液甲：NaCl　　　　　　160g
　　　　　　 KCl　　　　　　　8g

$MgSO_4 \cdot 7H_2O$	2g
$MgCl_2 \cdot 6H_2O$	2g
$CaCl_2$	2.8g（先溶于100mL双蒸水中）

溶于1 000mL双蒸水，加氯仿2mL防腐，4℃保存。

(2) 原液乙：

①
$Na_2HPO_4 \cdot 12H_2O$	3.04g
KH_2PO_4	1.2g
葡萄糖	20.0g

将上述各物溶于双蒸水800mL中。

②0.4%酚红溶液：称取酚红0.4g，放入玻璃研钵中，滴加0.1mol/L NaOH，不断研磨，直至完全溶解，约加0.1mol/L NaOH 10mL。将溶解的酚红吸入100mL量瓶中，用双蒸水洗下研钵中残留的酚红液，并入量瓶中，最后补加双蒸水至100mL。

将①液和②液混合，补加双蒸水至1 000mL，即为原液乙，加氯仿2mL防腐，置4℃保存。

(3) 应用液：原液甲1份，原液乙1份，双蒸水18份，混合后分装于200mL小瓶中，121.3℃（15 lbf/in²）高压蒸汽灭菌15min，4℃保存，可使用1个月，临用前用无菌的5.6% $NaHCO_3$调pH至7.2～7.6。

3. D-Hank's液（无Ca^{2+}、Mg^{2+} Hank's液）

配方：
NaCl	8.0g
KCl	0.4g
$NaHCO_3$	0.35g
$Na_2HPO_4 \cdot 12H_2O$	0.132g
KH_2PO_4	0.06g
葡萄糖	1.0g
0.4%酚红	5mL

配制：将上述成分依次溶解或加入到双蒸水中，最后补加双蒸水至1 000mL，以5.6% $NaHCO_3$调整pH至7.4，4℃冰箱保存备用。

4. 巴比妥钠缓冲盐水（veronal buffer，VB；5倍浓缩液）

用途：用于补体结合试验。

配方：
巴比妥酸	5.75g（溶于500mL加热至沸的蒸馏水中）
巴比妥钠	3.75g
NaCl	85.0g
$CaCl_2$	0.28g
$MgCl_2 \cdot 6H_2O$	1.68g

配制：加蒸馏水至2 000mL，121.3℃（15 lbf/in²）高压蒸汽灭菌15min，塞紧瓶塞，4℃保存。

5. 微量补体结合试验缓冲液（VBD，巴比妥钠缓冲工作液）

用途：用于补体结合试验。

配方：巴比妥钠缓冲盐水（VB，5倍浓缩液）　　　　　　　　　100mL

| 蒸馏水 | 400mL |

配制：用10% $NaHCO_3$ 调整pH至7.4，现配现用。

6. 0.2mol/L 磷酸盐缓冲液（PB）

(1) A液（0.2mol/L NaH_2PO_4）：称取 $NaH_2PO_4·H_2O$ 27.6g（或 $NaH_2PO_4·2H_2O$ 31.2g），溶于蒸馏水中，最后补加蒸馏水至1 000 mL。

(2) B液（0.2mol/L Na_2HPO_4）：称取 $Na_2HPO_4·7H_2O$ 53.6g（或 $Na_2HPO_4·12H_2O$ 71.6g，或 $Na_2HPO_4·2H_2O$，35.6g），加蒸馏水溶解，最后加水至1 000mL。

(3) 0.2mol/L 缓冲液配制：A液 XmL 中加入 B液 YmL，为0.2mol/L PB（表附-1）。若再加蒸馏水至200mL则成为0.1mol/L PB。

表附-1 磷酸盐缓冲液（0.2mol/L，pH5.7～8.0）配制

pH	X	Y	pH	X	Y
5.7	93.5	6.5	6.9	45.0	55.0
5.8	92.0	8.0	7.0	39.0	61.0
5.9	90.0	10.0	7.1	33.0	67.0
6.0	87.7	12.3	7.2	28.0	72.0
6.1	85.0	15.0	7.3	23.0	77.0
6.2	81.5	18.5	7.4	19.0	81.0
6.3	77.5	22.5	7.5	16.0	84.0
6.4	73.5	26.5	7.6	13.0	87.0
6.5	68.5	31.5	7.7	16.0	84.0
6.6	62.5	37.5	7.8	8.5	91.5
6.7	56.5	43.5	7.9	7.0	93.0
6.8	51.0	49.0	8.0	5.3	94.7

7. 磷酸盐缓冲生理盐水（PBS）

(1) 0.01mol/L PBS（pH 7.0）：0.2mol/L NaH_2PO_4 16.5mL，0.2mol/L Na_2HPO_4 33.5mL，加 NaCl 8.5g，用蒸馏水稀释至1 000mL。

(2) 0.02mol/L PBS（pH 7.2）：0.2mol/L NaH_2PO_4 28 mL，0.2mol/L Na_2HPO_4 72mL，加 NaCl 8.5g，用蒸馏水稀释至1 000mL。

8. 磷酸缓冲甘油封固剂（pH 8.0）

用途：用于免疫荧光技术。

配制：9份甘油与1份0.1mol/L PB（pH8.0，配制参考表6）混合，即可。

9. 0.5%鸡红细胞悬液

用途：用于血凝试验和血凝抑制试验。

配制：采集3～4只健康成年鸡的抗凝血液，或阿氏液内保存的血液。吸取血液注入离心管中，以2 000r/min 离心3～4min，用吸管弃去上清液和沉淀在红细胞上层的白细胞膜；在沉淀的红细胞上加生理盐水，充分混合，再离心弃上清液，如此反复洗涤3～4次，直至上液清亮，最后一次以2 000r/min 离心5min（要求定时、定转速），弃上清液，4℃保存红细胞泥备用，用时吸出一定量的红细胞泥配成0.5%的悬液，即可。若配制2%绵羊红细胞悬液，则采集健康绵羊的抗凝血液，用生理盐水洗涤，洗涤方法同上。

注意：洗涤红细胞过程中动作要轻，以免造成红细胞的溶血。

10. DCC 保存液

用途：用于放射免疫技术。

配方：中性活性炭（Norit A）　　　　10g
0.25%葡聚糖溶液　　　　　　　　　100mL

配制：用 PBS 配制 0.25%葡聚糖溶液。在电磁搅拌下，将活性炭悬浮于 100mL 0.25%葡聚糖溶液中，冷藏。在制备样品前冷搅拌，在制样期间始终维持搅拌。

11. 饱和硫酸铵溶液

用途：用于蛋白质盐析。

配方：硫酸铵　　　　　400g
　　　水　　　　　　　500mL

配制：取硫酸铵加入蒸馏水中，水浴加热至 70℃，用磁力搅拌器充分搅拌，直到加入的硫酸铵不再溶解，以氨水（也可用 NaOH）调 pH 至 7.2，室温保存。

12. 包被缓冲液（pH 9.6、0.05mol/L 碳酸盐缓冲液）

用途：用于 ELISA 的缓冲液。

配方：Na_2CO_3　　　　1.59g
　　　$NaHCO_3$　　　　2.93g

配制：加入双蒸水至 1 000mL。

注意：4℃保存不超过一个月。

13. 洗涤缓冲液（pH 7.4、0.02mol/L Tris-HCl-Tween-20）

用途：用于 ELISA 的缓冲液。

配方：Tris（三羟甲基氨基甲烷）　　　2.42g
　　　1mol/L HCl　　　　　　　　　　13.0mL
　　　Tween-20　　　　　　　　　　　0.5mL

配制：加蒸馏水至 1 000mL。

14. 洗液（PBST）

用途：用于 ELISA 的洗涤。

配方：Tween-20　　　　　　　　　　　　　　　　　0.5mL
　　　pH7.4、0.01mol/L 磷酸氢二钠-磷酸二氢钠　　1 000mL

配制：将 Tween-20 加入 pH7.4、0.01mol/L 磷酸氢二钠-磷酸二氢钠 1 000mL 溶解。

15. 封闭液（含 0.5%BSA 的 PBST）

用途：用于 ELISA。

配方：牛血清白蛋白（BSA）　　　　0.5g
　　　洗液（PBST）　　　　　　　　100mL

配制：将牛血清白蛋白加入洗液（PBST），4℃存放避光。

16. 稀释液（含 0.1%BSA 的 PBST）

用途：用于 ELISA。

配制：牛血清白蛋白（BSA）0.1g，加洗涤缓冲液至 100mL。

亦可用兔血清与洗涤液配成 5%～10%溶液。

注意：4℃存放避光。

17. 底物缓冲液（pH 5.0 磷酸钠柠檬酸）

用途：用于 ELISA

配方：0.2mol/L Na$_2$HPO$_4$（28.4g/L）　　　25.7mL
　　　0.1mol/L 柠檬酸（19.2g/L）　　　　　24.3mL

配制：加蒸馏水 50mL。

18. TMB（四甲基联苯胺）**使用液**

配方：TMB（10mg/5mL 无水乙醇）　　　0.5mL
　　　底物缓冲液（pH 5.5）　　　　　　10mL
　　　0.75% H$_2$O$_2$　　　　　　　　　32μL

19. TMB 显色液

用途：用于 ELISA 的显色阶段。

配方一：

底物显色 A 液：

　　醋酸钠　　　　　　　　13.6g
　　柠檬酸　　　　　　　　1.6g
　　30% 双氧水　　　　　　0.3mL

蒸馏水加至 500mL。

底物显色 B 液：

　　乙二胺四乙酸二钠　　　0.2g
　　柠檬酸　　　　　　　　0.95g
　　甘油　　　　　　　　　50mL
　　TMB　　　　　　　　　0.15g（溶于 3mL DMSO）

蒸馏水加至 500mL。

使用的时候根据需要量取等量 A、B 液混匀后使用。

配方二：将底物缓冲液与 TMB 使用液按 1∶1 混匀即可，现用现配。

20. 终止液（2mol/L H$_2$SO$_4$）

用途：用于 ELISA。

配制：将 11.1mL 浓硫酸逐滴缓慢加入 88.9mL 蒸馏水中，边加边搅拌。

21. 氨基黑染色液

用途：用于免疫扩散，免疫电泳等的蛋白染色。

配方：氨基黑　　　　　　　　1g
　　　1mol/L 醋酸　　　　　　500mL
　　　0.1mol/L 醋酸钠　　　　500mL

配制：称取染料加入 1mol/L 醋酸溶液中，使其充分溶解，再加入 0.1mol/L 醋酸钠溶液即可。

22. 蛋白洗脱液

用途：用于洗脱醋酸纤维膜的蛋白带。

配方：1mol/L NaOH　　　　　500mL
　　　0.1mol/L EDTA　　　　50mL

蒸馏水　　　　　　　　　　　　500mL

注意：此液用于洗脱氨基黑染色的蛋白带，而丽春红 R 或 S 染的蛋白带则用 0.4mol/L NaOH 溶液。

23. 脱色液

用途：用于氨基黑和丽春红染色。

配方：醋酸　　　　　　　　　　3mL
　　　甘油　　　　　　　　　　10mL
　　　蒸馏水　　　　　　　　　87mL

24. Tris 缓冲液（TBS 和 THB）

(1) 0.05mol/L TBS（pH 7.4）：

配方：Tris（三羟甲基胺基甲烷）　　12.1g
　　　NaCl　　　　　　　　　　　17.5g

配制：加蒸馏水至 1 500 mL，磁性搅拌下滴加浓 HCl 至 pH 为 7.4，再加蒸馏水至 2 000mL 即可。

(2) THB：

A 液（0.2mol/L Tris）：称取 2.423 g Tris（MW121.14）溶于 100mL 蒸馏水中。

B 液（0.1mol/L HCl）：取 37%HCl（相对密度 1.19）0.84mL，加入蒸馏水中，使成 100mL。

不同 pH（7.19～9.10）的 0.05mol/L THB 配制：取 A 液 25mL 加入 B 液 XmL（表附-2），补加蒸馏水至 100mL。

表附-2　配制 Tris 缓冲液时 B 液的加入量

pH	B	pH	B
7.19	45.0	8.14	25.0
7.36	42.5	8.20	22.5
7.40	41.1	8.23	22.0
7.54	40.0	8.32	20.0
7.60	38.4	8.41	17.5
7.66	37.5	8.51	15.0
7.77	35.0	8.62	12.5
7.87	32.5	8.74	10.0
7.96	30.0	8.92	7.5
8.05	27.5	9.10	5.0

25. Tris-盐酸缓冲液（0.05mol/L，pH7.0～9.0）

XmL 0.2mol/L Tris＋YmL 0.1mol/L HCl，加水至 100mL（表附-3）。

表附-3　Tris-盐酸缓冲液

pH		0.2mol/L Tris	0.1mol/L HCl	pH		0.2mol/L Tris	0.1mol/L HCl
23℃	37℃	(XmL)	(YmL)	23℃	37℃	(XmL)	(YmL)
9.10	8.95	25	5	8.05	7.90	25	27.5
8.92	8.78	25	7.5	7.96	7.82	25	30.0
8.74	8.60	25	10.0	7.87	7.73	25	32.5
8.62	8.48	25	12.5	7.77	7.63	25	35.0

(续)

pH		0.2mol/L Tris (XmL)	0.1mol/L HCl (YmL)	pH		0.2mol/L Tris (XmL)	0.1mol/L HCl (YmL)
23℃	37℃			23℃	37℃		
8.50	8.37	25	15.0	7.66	7.52	25	37.5
8.40	8.27	25	17.5	7.54	7.40	25	40.0
8.32	8.18	25	20.0	7.36	7.22	25	42.5
8.23	8.10	25	22.5	7.20	7.05	25	45.0
8.14	8.00	25	25.0				

26. 0.1mol/L 醋酸缓冲液（pH 3.6～5.8）

（1）A液：0.2 mol/L 醋酸钠水溶液：$C_3H_3O_2Na$ 16.4g 或 $C_3H_3O_2Na \cdot 3H_2O$ 27.2g，加蒸馏水使成1 000mL。

（2）B液：0.2 mol/L 醋酸：冰醋酸（99%～100%，相对密度1.050～1.054）11.5mL，加蒸馏水使成1 000mL。

（3）缓冲液：A液 X mL＋B液 Y mL，再加蒸馏水至200 mL，即配成所需的pH（表附-4）。

表附-4 0.1mol/L 醋酸缓冲液配制

pH (18℃)	A (XmL)	B (YmL)	pH (18℃)	A (XmL)	B (YmL)
3.6	0.75	9.25	4.8	5.90	4.10
3.8	1.20	8.80	5.0	7.00	3.00
4.0	1.80	8.20	5.2	7.90	2.10
4.2	2.65	7.35	5.4	8.60	1.40
4.4	3.70	6.30	5.6	9.10	0.90
4.6	4.90	5.10	5.8	9.40	0.60

27. 硼酸盐缓冲液（borate saline buffer）（不同pH）

A液：0.2mol/L 硼酸（H_3BO_3）：硼酸12.37g 加水至1 000mL。

B液：0.05mol/L 硼砂（$Na_2B_4O_7$）：硼砂19.07g 加水至1 000mL。

缓冲液：A液 XmL＋B液 YmL（表附-5）。

表附-5 不同pH硼酸盐缓冲液配制

pH	0.05mol/L 硼砂（XmL）	0.2mol/L 硼酸（YmL）	pH	0.05mol/L 硼砂（XmL）	0.2mol/L 硼酸（YmL）
7.4	1.0	9.0	8.2	3.5	6.5
7.6	1.5	8.5	8.4	4.5	5.5
7.8	2.0	8.0	8.7	6.0	4.0
8.0	3.0	7.0	9.0	8.0	2.0

（三）其他试剂溶液的配制

1. 清洁液

（1）配方一：重铬酸钾　　　80g

　　　　　　浓硫酸　　　　100mL

　　　　　　水　　　　　　1 000mL

　　配制：1 000mL 温水中加入重铬酸钾 80g，溶解，待凉后慢慢加入工业用浓硫酸 100mL，即成 10％硫酸清洁液。玻璃器皿在此液中浸泡 24h，然后用清水和蒸馏水冲洗。

　　（2）配方二：重铬酸钾　　　　60g
　　　　　　　浓硫酸　　　　　　460mL
　　　　　　　水　　　　　　　　300mL

　　配制：300mL 温水中加入重铬酸钾 60g，溶解，冷却后慢慢加入工业用浓硫酸 460mL，边加边搅拌。加酸时会产生大量的热，应使用耐热容器，并置于水槽中冷却。玻璃器皿在此液中浸泡 6h 即可去污。

　　（3）配方三：重铬酸钾　　　　180g
　　　　　　　水　　　　　　　　100mL

浓硫酸加至 1 000mL。

　　配制：取 180g 重铬酸钾溶于 100mL 水中，配成饱和溶液。取重铬酸钾饱和溶液 35mL，慢慢加入工业用浓硫酸至 1 000mL。玻璃器皿在此溶液中一般浸泡 2h 可以去污。如将此清洁液加热至 80～100℃（不可加热至发热或煮沸，此时温度达 240～250℃），浸泡 15min 即可去污。

　　（4）注意事项：配清洁液的程序，应先将重铬酸钾溶于水，如加热溶化，待液体冷却后，再将浓硫酸慢慢加入溶有重铬酸钾的水溶液中，边加边搅拌，不允许将水快速倒入浓硫酸中，以免产热沸腾或引起爆炸。盛清洁液的容器要坚固，上加厚玻璃盖，操作时要穿橡皮围裙、长筒胶靴、戴上眼镜和厚橡皮手套，以保安全。洗液一旦变绿，表示铬酸已经还原，失去了氧化能力，不宜再用。如将这样洗液加热，再加适量重铬酸钾，又可重新使用。

2. 3％盐酸乙醇（酸乙醇）　加浓盐酸 3mL 于 95％乙醇 97mL 中即可。

3. 劳氏固定液　取饱和升汞溶液（约含升汞 7％）100mL，加冰醋酸 2mL，混合即成。

4. 肝素抗凝剂　取肝素用 Hank's 液（或其他溶剂）稀释至终浓度为 250U/mL，112℃灭菌 15min（或 115℃10min）后分装，-20℃保存。用时按每毫升血液加 0.1～0.2mL 肝素抗凝。或按实验要求浓度配制、使用。

5. 姬姆萨（Giemsa）**染液**

　　配方：姬姆萨染料　　　　　　0.6g
　　　　　甘油　　　　　　　　　50mL
　　　　　甲醇　　　　　　　　　50mL

　　配制：将 0.6g 染料加到 50mL 甘油中，混匀，置 60℃水浴箱内 2h，不时搅拌。取出晾至与室温相同时加入甲醇 50mL，用磁力搅拌过夜。用滤纸过滤，滤液即为原液。应用时用 PBS（1/15mol/L，pH 6.4～6.8）或蒸馏水稀释 10 倍。

6. 瑞氏（Wright）**染液**

　　配方：瑞氏染料　　　　　　　1.8g
　　　　　纯甲醇　　　　　　　　600mL

　　配制：将 1.8g 染料置于乳钵中，加入少量纯甲醇研磨，将溶解的染料移至洁净的棕色玻璃瓶中。分批加入甲醇研磨，直至染料全部溶解。配制的染料置室温 1 周后即可使用。新鲜配制的染料偏碱，放置后可显酸性。染料储存越久，染色越好。要封闭保存，以免吸收水分影响染色效果。也可加入 30mL 中性甘油，染色效果更好。

7. 瑞氏-姬姆萨染液　取瑞氏染液 5mL，姬姆萨原液 1mL，加蒸馏水或 PBS（pH 6.40～6.98）6mL。如沉淀生成须重新配制，或按以下方法配制：

瑞氏染料	0.3g
姬姆萨染料	0.03g
甲醇	100mL

配制方法同瑞氏染液。

8. Nessler 试剂（奈氏试剂）

a. $HgCl_2$ 6.0g、KI 12.4g、20% NaOH 30mL，加蒸馏水至 100mL。

b. HgI_2 11.5g、KI 8g，加蒸馏水 50mL，完全溶解后过滤，加 20% KOH 50mL。

9. 0.4%酚红溶液　称 0.4g 酚红置于玻璃研钵中，逐渐加入 0.1mol/L NaOH，不断研磨直至所有颗粒几乎完全溶解，所加 NaOH 量应为 11.7mL。将已溶解的溶液吸入 100mL 量瓶中，用双蒸水洗研钵数次，均收集于量瓶中，最后加双蒸水至 100mL，摇匀，保存于 4℃冰箱备用。

10. 1%戊巴比妥麻醉剂　戊巴比妥 10g，加生理盐水至 1 000mL，溶解过滤后分装，4℃ 保存。应用于兔及小鼠等动物麻醉，剂量为每千克体重 20mg。

11. 0.5%台盼蓝（trypan blue）

配方：

台盼蓝	1.0g
双蒸水	100mL

配制：将台盼蓝加入双蒸水中充分溶解（配制方法同瑞氏染液），过滤去沉淀，置 4℃ 或室温保存。临用时用 18g/L NaCl 盐水 1∶1 稀释后即可应用。

12. 0.2%伊红 Y（eosin Y）

配方：

伊红 Y	0.4g
双蒸水	100mL

配制：方法同 0.5%台盼蓝。

（四）常用的免疫佐剂

1. 弗氏完全与不完全佐剂　矿物油（白油）85%，乳化剂 15%，混合后经除菌过滤或高压灭菌而成弗氏不完全佐剂（FIA）。如向其中加入 2～3mg/mL 卡介苗或灭活的结核杆菌即为弗氏完全佐剂（FCA）。使用时，将含抗原的水相，与上述任一佐剂等量混合，用力振摇即可成为均匀的乳剂。

2. FIA 经典方　菌液 3 份，石蜡油 2 份，羊毛脂 1 份。取无活菌的纯净菌液，无菌注入事先灭菌的石蜡油和羊毛脂混悬液内，定向旋转乳化，直至物理性状乳化均匀，当时和放置后均不分层并无油珠出现为合格。

3. 油乳佐剂　用 9 份白油和 1 份 Span-80 混合后加 2%Tween-80 和 1%硬脂酸铝，经高压灭菌后备用为油相；注射前将配好的油乳剂与抗原水相 1∶1 混合，乳化成油乳苗。

大量生产油乳剂苗时，可将 94%白油与 6%Span-80 混合后加入 2%硬脂酸铝，经高压灭菌后备用为油相；将抗原溶液加 2%Tween-80 为水相，油与水按 1∶1 配制，通过胶体磨充分乳化，可获得稳定的油包水的乳剂苗。但这种配方制得的乳剂苗一般较黏稠，而且必须充分掌握混入抗原时的速度,在慢速搅拌油相的同时,缓慢倾入水相混合,然后再高速通过胶体磨充分乳化,否则易于分层。如欲降低乳剂的黏稠度,可以增加油相的比例,例如以水与油之比达1∶2或1∶3,最高可达1∶4时,亦可获得良好的W/O乳剂疫苗。

(王桂军编写,孙淑红、郭慧君审稿)

主要参考书目

崔治中,崔保安.2004.兽医免疫学.北京:中国农业出版社.
北京医学院微生物学教研组.1980.实验免疫学.北京:人民卫生出版社.
杜念兴.1998.兽医免疫学.北京:中国农业出版社.
李成文.1987.免疫学技术.北京:军事医学科学出版社.
刘宝全.1985.兽医免疫学实验指导.上海:上海科学技术出版社.
刘玉斌.1989.动物免疫学实验技术.长春:吉林科学技术出版社.
王重庆.1997.分子免疫学基础.北京:北京大学出版社.
周光炎.2000.免疫学原理.上海:上海科学技术文献出版社.
王世若,王兴龙.2002.现代动物免疫学.长春:吉林科学技术出版社.
谢庆阁,翟中和.1996.畜禽重大疫病免疫防制研究进展.北京:中国农业科技出版社.
卢圣栋.1999.现代分子免疫学实验技术.第二版.北京:中国协和医科大学出版社.
窦如海.2006.实验动物与动物实验技术.济南:山东科学技术出版社.
C.W.迪芬巴赫,G.S.德维克斯勒.2002.PCR技术实验指南.黄培堂,俞炜源,陈添弥,等译.北京:科学出版社.

图书在版编目（CIP）数据

兽医免疫学实验指导/崔治中，朱瑞良主编．—2版．—北京：中国农业出版社，2015.1（2024.7重印）
普通高等教育农业部"十二五"规划教材 全国高等农林院校"十二五"规划教材
ISBN 978-7-109-20031-9

Ⅰ.①兽… Ⅱ.①崔…②朱… Ⅲ.①兽医学－免疫学－实验－高等学校－教学参考资料 Ⅳ.①S852.4-33

中国版本图书馆 CIP 数据核字（2015）第 002281 号

中国农业出版社出版
（北京市朝阳区麦子店街18号楼）
（邮政编码 100125）
责任编辑 武旭峰 王晓荣
文字编辑 武旭峰

北京通州皇家印刷厂印刷 新华书店北京发行所发行
2006年7月第1版 2015年1月第2版
2024年7月第2版北京第8次印刷

开本：787mm×1092mm 1/16 印张：8
字数：180千字
定价：20.00元
（凡本版图书出现印刷、装订错误，请向出版社发行部调换）